养殖致富攻略·疑难问题精解

肉鸡高效健康养殖137问

ROUJI GAOXIAO JIANKANG YANGZHI 137 WEN

魏祥法　张　燕　主编

U0395238

中国农业出版社
北　京

本书有关用药的声明

随着兽医科学研究的发展、临床经验的积累及知识的不断更新，治疗方法及用药也必须或有必要做相应的调整。建议读者在使用每一种药物之前，参阅厂家提供的产品说明书以确认推荐的药物用量、用药方法、所需用药的时间及禁忌等，并遵守用药安全注意事项。执业兽医有责任根据经验和对患病动物的了解决定用药量及选择最佳治疗方案。出版社和作者对动物治疗中所发生的损失或损害，不承担任何责任。

编写人员

主　编　魏祥法　张　燕

副主编　李东阳　伏春燕　刘月月　徐玉刚

参　编　亓丽红　　董以雷　魏　巍　郭丙全

　　　　　张灵君　　刘雪兰　阎佩佩　王　娟

　　　　　东野传献　史　勇　田丙新　李　原

前言

　　肉鸡具有生长快、肉质好、营养丰富、出肉率高等特点，肉鸡养殖以投资少、周期短、生产成本低、见效快、经济效益高、市场需求量大等优势，成为农民致富的好项目。我国肉鸡业持续快速发展，已成为畜牧业的支柱产业。肉鸡饲养方式从传统的农户生产转向公司带动农户，现在又发展到"公司＋农场"或"公司＋基地"的模式，标准化鸡舍逐步扩大；饲养品种呈现多样化，有引进品种，也有地方品种，还有自己培育的品种；饲料供应集团化、品牌化；卫生防疫专业化，使肉鸡产业从不成熟逐步走向成熟，从不健康发展逐步走向健康发展。

　　由于不同地区肉鸡产业发展有快有慢，技术水平和饲养效益有高有低，使不少养殖户在饲养管理中碰到许多问题，我们的养殖专家根据多年科技咨询服务的经验和养殖中存在的问题，编写了本书。书中采用一问一答的形式，力求用通俗易懂的语言，普及肉鸡健康养殖技术，为养殖户解决实际问题。

由于编者水平和时间有限，书中不足之处在所难免，希望各位专家、同行多提宝贵意见，敬请广大读者批评指正。

编　者

目录

CONTENTS

前言

一、肉鸡健康养殖行情分析与把握

1 什么是肉鸡健康养殖？

肉鸡健康养殖是指根据肉鸡的生活习性和生理特点，为肉鸡提供适宜的生活、生长环境条件和营养供应，包括丰富的营养物质、优质的饲料、清洁的饮水、舒适的环境、新鲜的空气、充足的生活空间、安全的环境卫生及适当的疾病防治措施。从而保证肉鸡在生长、生产过程中维持健康的状态，为人类提供安全、优质、无公害的产品。肉鸡养殖要求以专业化、合作化、规模化、标准化为发展方向。

2 怎样才能把握肉鸡的市场行情？

广大养鸡户都希望自己养鸡能赚钱，但在市场行情方面，有机遇，也有风险，具体说来应做好以下几点。

（1）进鸡苗量　进鸡苗时要对成鸡出栏的行情进行预测，这是比较难的一步，这步走错就可能全军覆没，这时要结合种鸡的存栏量、成鸡的存栏量、市场的销售量进行分析。另外，还可以从侧面进行了解，如饲料销售量的变化、季节的变化、家禽品种之间销售量的变化、不同地区之间的销售量变化等，与鸡有关的信息都要考虑进去。最后综合各方面的因素，得出鸡苗的市场投放量是大还是小，利润空间有多大，就可得出养殖风险的评估结果。

（2）成鸡出栏量　这里面也有很多学问，此时要看出栏量的大小、市场销售量的大小，从而决定是提前卖还是推迟卖。一般的办法也是比较简便的方法是，看市场上销售的鸡的大小，可以最直观地了解市场行情，但它只适用于"短、平、快"的肉用鸡，其他的品种就要考虑多方面的因素，比如节假日对鸡销售量的影响等。

3 养殖肉鸡之前要了解哪些方面的情况？

首先，要了解周围的环境是否适合养殖肉鸡，比如是否符合所在地行政规划，附近是否有大的工矿企业、屠宰加工厂、大型养殖场，水源是否符合畜禽饮用水标准，周围近期内是否发生过大的疫情等。其次，要了解市场行情，即当地百姓对肉鸡的消费习惯、消费量及肉鸡的饲养量等。最后，要了解当地饲料及品种资源情况，尽可能就近选购饲料原料及所需鸡种。

4 白羽肉鸡产业为什么能迅速发展？

白羽肉鸡是现代生物遗传科技的结晶，世界顶尖遗传育种专家用了近百年时间，建立了庞大的纯种品系基因库，运用数量遗传技术进行产肉性能高强度选择，把生长速度快、饲料转化率高、体型发育好、产肉率高的基因挑选出来进行繁育，培育出现在的快大型白羽肉鸡品种，为世界所共享，满足了世界人口增长对动物蛋白的需求，而且其在经济性（饲料报酬高）、环保性（碳排放少）、安全性（安全可追溯）和健康性（高蛋白、低脂肪、低胆固醇、低能量）等方面具有独特的优势。

白羽肉鸡产业在我国畜禽养殖业中规模化程度最高，以全产业链生产模式为主导。规模化的养殖相比于农户散养，更便于科学系统地管理，便于养殖过程中投入品的有效管控，从而提高食品安全的可靠性。

白羽肉鸡不仅营养、健康，还具有节粮、节地、节水、低碳环保的优势，产业的各个环节都与环境和谐共处，在满足人类蛋白质需求的同时守护着我们的绿水青山。

因此，白羽肉鸡未来发展空间和潜力巨大，白羽肉鸡产业未来可期、值得信赖。

二、规模养殖场投资与效益分析

5 听说饲养肉鸡比较简单，具备哪些条件就可以饲养肉鸡？

单纯的商品肉鸡饲养虽然简单，但要想养好也必须具备下列基本条件：一是房舍，肉鸡舍有多种，有专门的标准化肉鸡舍、简易的塑料大棚鸡舍，还有旧房改造的肉鸡舍，不管是哪种形式，都必须满足肉鸡生长所需条件。二是饲养设备，最基本的设备包括喂料设备、饮水设备、照明设备及通风设备等。三是技术，饲养者不一定是专科毕业，但也要经过一定的专业培训，了解最基本的饲养、防疫知识。

6 建一个年出栏 **20 000** 只的小型肉鸡场，大约需要占地多少？

以有窗开放式鸡舍为例，大约需要 5 亩*地。其中鸡舍 2 栋，长 35 米，跨度 9 米；总面积 630 米^2，批饲养肉鸡 5 000 只，舍间距离 15 米；办公用房 1 栋，300 米^2；加上道路、围墙等共需 3 240 米^2，约合 5 亩地。

7 建一个年出栏 **20 000** 只的小型肉鸡场，大约需要投资多少钱？

如果不算征地和流动资金，仅房舍和设备约需投资 31.7 万元

---

* 亩，非法定计量单位，1 公顷＝15 亩。

（以近年情况估计）。其中：

(1) 房舍 950 米^2×260 元/米^2＝247 000 元。

(2) 设备 10 元/只×5 000 只＝50 000 元。

(3) 道路围墙等 20 000 元。

合计 317 000 元。

8 肉鸡生产成本是怎样计算的？

肉鸡的生产成本由直接成本和间接成本两部分构成。直接成本，也称可变成本，也就是指因生产技术的优劣而发生变动的费用；间接成本，也称不变成本，无论生产成绩如何，都需要有固定的费用。

9 直接成本包括哪些内容？怎样计算？

直接成本包括饲料费和雏鸡费。

饲料费计算方法：肉鸡每单位增重的饲料费＝饲料转化率×饲料价格。

饲料费随饲料转化率和其价格变动而变化。

初生雏费：每只出售的肉鸡所负担的初生雏费＝初生雏的单价/出售率。

出售率＝出售肉鸡只数/入雏只数。出售的肉鸡所负担的初生雏费用受雏价和出售率影响。

10 间接成本包括哪些内容？怎样计算？

间接成本是指生产中产生的总间接费用，包括的具体内容和计算方法如下。

(1) 水、电、热能费 指每批肉鸡整个饲养过程所耗水电费和燃料费，除以出售只数或出售总体重的得数。

(2) 药品费 指每批肉鸡所用防疫、治疗、消毒、杀虫等药品费的总和，除以出售肉鸡只数或总重量所得的商数。

(3) 利息 是指对固定投资（所借长期贷款）及流动资金（短

期贷款)，1 年用支付的利息总数，除以年内出售肉鸡的批数，再除以每批出售的只数或总重量所得的商数。

（4）修理费　是为保持建筑物完好而支付的费用。通常为每年折旧额的 5%～10%。

（5）折旧费　为更新建筑物和设备的提留。一般来说，砖木结构舍折旧期为 15 年，木质舍为 7 年，简易舍为 5 年，器具、机械按 5 年折旧。

（6）劳务费　指肉鸡的生产管理劳动成本，包括入雏、给温、给水、给料、疫苗接种、观察鸡群、提鸡、装笼、清扫、消毒、运输、购物等所用劳动费用之和。

（7）税金　主要是肉鸡生产所用土地、建筑、设备、生产、销售及应交的税金，也要摊在每只鸡或每千克体重上。

（8）杂费　除上述各项直接、间接费之外的费用，统归为杂费，包括保险费、贮备金、通信费、交通费及搬运费等。

三、规模养殖风险防范

11 饲养"合同鸡"比较稳定，但挣钱少，饲养"社会鸡"能有好的办法降低风险吗？

饲养"社会鸡"的风险非常大，但同时也存在着机遇。如何降低风险，抓住机遇，仔细分析可从以下几个方面努力。

（1）争取卖个好价钱 确定接雏时间，预测出栏时间。出栏前广征信息，掌握确切价格，根据鸡群状况和市场价格，确定最佳出栏时间。

例如，相差2天往往每千克毛鸡价格能差0.20元，按平均体重为2.5千克的鸡计算，每只差0.50元，饲养2 000只鸡，即相差1 000.00元。

（2）尽量不接高价雏 确定大体接鸡时间后，在保证雏鸡质量的基础上，尽量不接高价雏。比如差2天，有的养殖户接雏价格1.75元/只，有的则1.10元/只，单只雏鸡费差0.65元，按饲养2 000只雏鸡计算，即节省1 300.00元。

（3）尽量不用高价料 对养鸡户来说，不管使用什么品牌饲料，只要料肉比低，鸡群健康，就是好料。有的1袋（40千克）料相差3.00元，按照饲养2 000只鸡计，出栏平均体重2.5千克，约需5千克料，鸡成活率96%，可节省饲料费3×（2 000×0.96×5÷40），即720.00元。

（4）尽量降低单鸡药费 不盲目投药，不盲目加大药量，不盲目使用混合药物；在鸡群易发病的时期，选择最佳药物，确定最佳用量、最佳方式，及时投药，防控疾病。比如有的养殖户养一批鸡，每只鸡药费 1.50 元，有的养殖户则为每只鸡 0.80 元，1 只鸡相差 0.70 元，2 000 只鸡即差 1 400.00 元。

(5) 提高鸡群成活率　从接鸡之日起，科学管理来不得半点懈怠，要一步一个脚印走完全过程。比如有的养殖户养鸡成活率为 98%，有的则为 88%。按 2 000 只鸡算，两者即相差 200 只，按 1 只鸡纯利 1.40 元，雏鸡价格 1.50 元/只，平均饲养费用按死亡 1 只鸡平均体重 0.7 千克，约需饲料 1.4 千克，饲料价格 2.00 元/千克，药费 0.2 元/只算，单就成活率不同，两者相差就是 $200 \times 1.4 + 200 \times 1.5 + 200 \times (1.4 \times 2 + 0.2)$，即 1 180.00 元。

12 邻居去年养的肉鸡成活率挺高的，为什么还会亏本？

近年来，由于鸡苗、饲料和成鸡价格受市场波动的直接影响，以及疾病防治方面的原因，肉鸡养殖难度逐渐增大，经济效益也趋于下降和不稳定，亏本可能是由以下几方面原因引起的。

(1) 市场供大于求　由于前一年肉鸡行情较好，养殖户盲目上栏，导致出栏肉鸡迅速增加，肉鸡市场出现供大于求的局面，导致肉鸡价格下降；另一方面，当前物价上涨明显，尤其是生活必需品如粮食、食用油等支出增加，居民对肉类消费支出减少，肉鸡消费也受此牵连逐渐趋冷，肉鸡产品消费相对减弱，而近期由于鸡肉产品滞销，各地屠宰厂库存量较大，屠宰企业很有可能采取压价收购的方式应对，肉鸡价格上涨空间不大，肉鸡养殖还将出现一定时间的亏损。

(2) 生产成本增加　生物能源的开发，玉米深加工企业的增加，全球粮食的持续短缺，必将使得粮食更加紧张，饲料原料持续走高，加上运输费用增加、劳动力成本增加，生产成本将继续高位运行。

(3) 国际市场影响　由于贸易壁垒的影响，欧盟和美国的禽肉市场还没有对中国开放，鸡肉出口受阻，进口家禽产品增加，势必对国内市场造成冲击。

13 我和邻居同时饲养的肉鸡，出栏时体重也差不多，为什么我家鸡的售价不如他家的高？

可能你养的肉鸡质量等级不如邻居家的高。要保证肉鸡的出售等级，应注意以下几点。

（1）避免垫料潮湿，增加通风，减少氨气，提供足够的饲养面积。

（2）在抓鸡、运输、加工过程中操作要轻巧。

（3）在抓鸡前一天勿惊扰鸡群。鸡若受惊，就会与食槽、饮水器相撞而引起碰伤。装运仔鸡的车辆最好在天黑后驶近鸡舍，因为白天车辆的响声会惊动鸡群。

（4）训练抓鸡工人，在抓鸡时务必要小心。临抓鸡前，移去地面上的全部设备。抓鸡工人不要一手同时握住太多的鸡，一手握住的鸡越多，鸡发生外伤的可能性越大。

（5）抓鸡时，鸡舍应使用暗淡灯光。

14 为什么同一鸡舍同一批饲养的鸡，出栏时体重差别很大，收购商都不愿意要？

虽然是同一批鸡，但雏鸡的健壮程度和公、母鸡的生长速度也不一样，如果想获得整齐的出栏体重，在饲养过程中要重视选雏与分群饲养，还要加强设备管理。

（1）选雏　第一次选雏应在雏鸡到达育雏室时进行，挑出弱雏、小雏单独隔离饲喂，残雏应予以淘汰，以净化鸡群；第二次选雏在雏鸡6～8日龄进行，也可在雏鸡首次免疫时进行，把个头小、长势差的雏鸡单独隔离饲喂。

（2）分群饲养　肉仔鸡性别不同，其生理基础也不同，因而对环境、营养条件的要求和反应也不同。如公鸡的生长速度快，而母鸡的生长速度慢，56天体重相差约27%；公鸡8周龄后体重增长速度下降，而母鸡在7周龄后体重增长速度就下降，按经济效益应分别出栏。因此肉鸡最好采用公母分群饲养，公母分群后可分别调整日粮水平，更好地提高饲料利用率。

（3）设备管理　现代化养鸡，设备较多，应经常检查设备运行情况，特别是风机和饮水设备。防止风机空转和停转，影响通风降温，影响局部鸡群生长。饮水线应经常检查疏通，防止水量少，饮水不足，影响鸡群生长。

四、肉鸡养殖场建设

15 必须在固定的地方建肉鸡场吗？

不一定。但有一个总的原则，即必须符合当地村镇建设规划，符合防疫要求，符合用地规定。

16 肉鸡场建设有固定的模式吗？

没有。肉鸡场的建设模式多样，有较高档次的标准化鸡场，机械化程度高，多为密闭式鸡舍，管理基本实现自动化，环境控制严格，鸡的生产水平相对较高，但投资大。还有中等档次的普通鸡场，一般为有窗开放式鸡舍，采用半机械化管理，机械通风，人工喂料，自动饮水。还有比较简易的场户，有用旧房改造的鸡舍，还有的直接养在塑料大棚里，设备简单，完全靠人工管理，鸡舍环境及生产水平较差，但投资少。

17 选择场址的时候，应考虑哪些因素？

场址选择首先应考虑当地土地利用和村镇建设发展规划，其次应符合环境保护的要求，在水资源保护区、旅游区、自然保护区等绝不能投资建场，以避免建成后的拆迁造成各种资源浪费。满足规划和环保要求后，才能综合考虑拟建场地的自然条件（包括地势、地形、土质、水源、气候条件等）、社会条件（包括水、电、交通等）和卫生防疫条件，决定建场地址。

场址应地势高燥、平坦，位于居民区及公共建筑群下风向。不能选择山谷洼地等易受洪涝威胁地段和环境污染严重区。应尽可能用非耕地，在丘陵山地建场要选择向阳坡，坡度不超过 20°，土壤质量符合国家标准（GB 15618—1995）的规定，满足建设工程需要的水文地质和工程地质条件，水源充足，取用方便，便于保护，电力充足可靠。

在鸡场选址过程中应对卫生防疫条件给予足够的重视。兽医卫生防疫条件的好坏是鸡场成败的关键因素之一。要特别注意附近是否有畜牧兽医站、畜牧场、集贸市场、屠宰场，以及与拟建场的方位关系，隔离条件的好坏等，应远离上述污染源。在保证生物安全的前提下，创造便利的交通条件，但与交通主干线及村庄的距离要大于1 000米，与次级公路相距 100～200 米，以满足卫生防疫的要求。

18 场区鸡舍之间是否需要绿化？

场区绿化是鸡场规划建设的重要内容，要结合区与区之间、舍与舍之间的距离、遮阳及防风等需要进行。可根据当地实际情况种植能够美化环境、净化空气的树木和花草，不宜种植有毒、有飞絮的植物。

19 鸡场内怎样分区？

鸡场可分成管理区、生产区和隔离区。各功能区应界限分明，联系方便。管理区与生产区间要设大门、消毒池和消毒室。管理区设在场区常年主导风向上风处及地势较高处，主要包括办公设施及与外界接触密切的生产辅助设施，设主大门，并设消毒池。

20 鸡场各区之间应怎样布局？

生产区可以分成几个小区，它们之间的距离在 300 米以上，每个小区内可以有若干栋鸡舍，综合考虑鸡舍间防疫、排污、防火和主导风向与鸡舍间的夹角等因素，鸡舍间距离为鸡舍高度的 3～5 倍。隔离区设在场区下风向处及地势较低处，主要包括兽医室、隔离鸡舍等。为防止相互污染，与外界接触要有专门的道路相通。场区内设净道和污道，污道与后门相连，两者严格分开，不得交叉、混用。

21 肉鸡舍有哪些建筑类型？

目前，肉鸡舍的建筑类型有两种：密闭型和开放型。

（1）密闭型鸡舍　也称为无窗鸡舍，这种鸡舍除设置应急窗，在断电时临时开窗通风换气以外，平常是封闭的，采用人工光照，机械通风，机械喂料，一次性清粪，鸡群处于人工控制的密闭环境之中，受外界干扰少，有利于鸡的生长发育。但一次性投资大，建筑造价高，光照、通风、降温等都靠电。对电源的依赖性很强，耗电量高，没有电源保证就不能使用。由于密闭式鸡舍饲养密度很大，夏天必须有良好的通风降温设施，否则会有鸡热死的现象发生。

（2）开放型鸡舍　也称为有窗鸡舍，白天利用自然光，靠开关窗户来调节通风换气和控制温度。开放式鸡舍造价低，利用自然光、自然风、自然热，节电省能，但不能控制光照，易受外界条件的干扰。

只要饲养管理得当，无论是密闭式鸡舍还是开放式鸡舍，都可以获得高产。

22 肉鸡舍建筑的总体要求是什么？

肉鸡舍建筑的总体要求：

（1）满足肉鸡饲养的需要。

（2）留有技术改造的余地，便于扩大再生产。施工中要节约资金和能源。

（3）符合肉鸡场总体布局要求。

23 肉鸡舍内部环境控制设计要求是什么？

房舍结构的设计是建立在鸡最佳环境的理性指标和建筑造价经

济指标二者兼顾的基础上的，主要涉及鸡舍的通风换气、保暖、降温、给排水、采光等因素。

（1）通风换气　目的是尽可能排除舍内污浊空气，引进新鲜空气，保持舍内空气清新，降温、散湿，降低鸡的体感温度，这是衡量鸡舍环境的第一要素。

①参数：换气量以夏季最大需要量计算，每千克体重每小时 4～5 米^3，有害气体浓度：氨气＜20 厘米^3/米^3，硫化氢＜10 厘米^3/米^3，二氧化碳＜0.15%。

②通风方式：有自然通风和机械通风两种。

自然通风：不需动力，仅依靠自然界的风压和热压，产生空气流动，一般通过窗户、气窗和封闭不严的缝隙进行空气交换。

优点：不需专用设备，不需动力，基建费低，维修费少，简单易行，如能合理设计、安装和管理，可收到较好的效果，炎热地区和华北地区应用效果较好。

缺点：寒冷季节受保温的限制，效果不佳。

自然通风应注意的问题：

第一，宜用于非密闭鸡舍，有窗鸡舍打开前后窗即可。

第二，鸡舍跨度不宜超过 9 米。

第三，门窗或卷帘要开闭自如，并保证严实，以保证冬天保暖。不同季节的通风靠门或卷帘开启的大小来调节。

第四，不仅要有排气口，而且还要有进气口，换气时空气流动最好在进气口和出气口之间形成 S 状，一般进气口在下，排气口在上。

机械通风：用于封闭式鸡舍和半封闭鸡舍，完全依靠风机强制通风，有以下几种常用类型：负压通风、正压通风、联合式通风。

机械通风应注意的问题：

第一，用于全封闭或半封闭鸡舍，而且电力有保障的地区。

第二，关键是科学地设计舍内气流的方向和速度，不同地区对肉鸡舍通风设计均有不同的目的或侧重面。高寒地区将冬季通风与保温协调统一；南方则在防暑降温上下功夫等。

第三，要设应急电源，以防停电。

机械通风的优点是通风换气彻底、迅速，缺点是投资大、成本高。

（2）采光或光照　对于肉用仔鸡，要保证光照不太强，因而窗户的主要作用要侧重于通风换气，更多的是采取人工光照来保证肉鸡的照明，对于密闭式鸡舍更是如此。

（3）保温隔热　屋顶是寒冷季节失热最大的区域，也是在炎热季节阳光辐射最多的区域，所以屋顶是保温隔热的最重要区域；其次是墙壁，如果是开放式鸡舍，还要使门窗开关自如，且密封良好。

对大部分墙壁和屋顶都必须采用隔热材料或相应装置，保温隔热材料要求热阻值较高，保温性能较好，同时还必须采取增加北墙的厚度和屋顶加吊顶棚等措施。在雨水较多的地区，屋顶两侧的屋檐要适当向外延伸。

24 在建设养鸡场时应如何考虑鸡舍的通风问题？

通风方式有自然通风和机械通风两种，进风口和排风口设计要合理，防止出现死角和贼风等恶劣的小环境。

（1）自然通风　依靠自然风（风压作用）和舍内外温差（热压作用）形成的空气自然流动，使鸡舍内外空气得以交换。通风设计必须与工艺设计、土建设计统一考虑，如建筑朝向、进风口方位标高、内部设备布置等必须统筹安排，在保障通风的同时，有利于采光及其他各项卫生措施的落实。自然通风的鸡舍跨度不可太大，以6～7.5米为宜，最大不应超过9米。

风压的作用大于热压，但无风时仍要依靠温差作用进行通风，为避免有风时抵消温差作用，应根据当地主风向，在迎风面（上风向）的下方设置进气口，背风面（下风向）的上部设置排气口。在房顶设通风管是有利的，在风力和温差各自单独作用或共同作用时均可排气，特别在夏季舍内外温差较小的情况下。设计时风筒要高出屋顶60～100厘米，其上应有遮雨风帽，风筒的舍内部分也不应小于60厘米，为了便于调节，其内应安装保温调节板，便于随时启闭。

(2) 机械通风 依靠机械动力强制进行鸡舍内外空气的交换。机械通风可以分为正压通风和负压通风两种方式。正压通风是通风机把外界新鲜空气强制送入鸡舍内，使舍内压力高于外界气压，这样将舍内的污浊空气排出舍外。负压通风是利用通风机将鸡舍内的污浊空气强行排出舍外，使鸡舍内的气压略低于大气压成负压环境，舍外空气则自动通过进风口流入鸡舍。这种通风方式投资少，管理比较简单，进入舍内的风流速度较慢，鸡体感觉比较舒适。由于横向通风存在风速小、死角多等缺点，一般采取纵向通风方式。

纵向通风排风机全部集中在鸡舍污道端的山墙上或山墙附近的两侧墙上。进风口则开在净道端的山墙上或山墙附近的两侧墙上，将其余的门和窗全部关闭，使进入鸡舍的空气均沿鸡舍纵轴流动，由风机将舍内污浊空气排出舍外，纵向通风设计的关键是使鸡舍内产生均匀的高气流速度，并使气流沿鸡舍纵轴流动，因而风机宜设于山墙的下部。

通风量应按鸡舍夏季最大通风值设计，计算风机的排气量，安装风机时最好大小风机结合，以适应不同季节的需要。排风量相等时，减少横断面空间，可提高舍内风速，因此三角屋架鸡舍可每三间用挂帘将三角屋架隔开，以减少过流断面。长度过长的鸡舍，要考虑鸡舍内的通风均匀问题，可在鸡舍中间两侧墙上加开进风口。根据舍内的空气污染情况、舍外温度等决定开启风机多少。

25 什么是正压通风？什么是负压通风？什么是纵向通风？

(1) 正压通风 指风机将新鲜的空气从舍外吹入鸡舍内。该方法适用于所有类型的鸡舍。排风扇可安装于鸡舍的侧墙或端墙。风扇也可安装于屋顶或鸡舍的中央，以增进空气的流通（图4-1）。

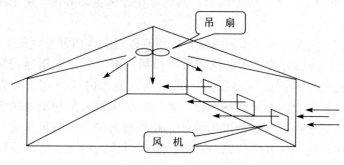

图 4-1 正压通风示意图

（2）负压通风 风机从鸡舍的一端拉入空气，然后从另一端排出，维持负压状态需要排气量和进气开口的面积相平衡（图 4-2）。目前，广泛应用的通风系统是负压通风。负压的效果只有通过完全封闭的边墙、完全密闭幕帘的鸡舍才可达到。任何使用排风扇的鸡舍都是利用负压原理进行通风换气。

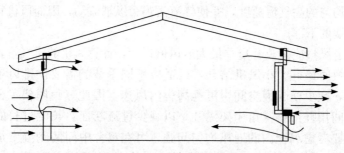

图 4-2 负压通风示意图

（3）纵向通风 指应用机械通风系统把鸡舍变为通风巷道，从而增加鸡只的舒适感（图 4-3）。鸡舍两侧边墙完全封闭，空气从鸡舍的一端自由地进入鸡舍并由安装于鸡舍另一端的大功率风机排出，这样形成一个通风巷道，使空气从鸡群上方快速通过，从而使鸡只感到凉爽。此种"风制冷"的效果可使鸡只的舒适程度得到明显提高。

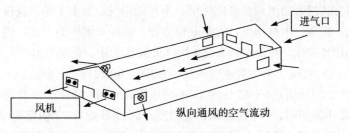

图 4-3　纵向通风示意图

进气口

风机

纵向通风的空气流动

26　冬季肉鸡舍燃煤供暖有哪些危害?

燃煤供暖是目前农村养鸡常用的取暖方式。但当煤燃烧时会消耗舍内大量氧气,产生过多的二氧化碳、一氧化碳和硫化氢等有害气体,严重降低了舍内的空气质量。问题主要表现在下列几方面:①燃煤质量太差,产生的煤烟大。②舍内二氧化碳超标。③煤的不充分燃烧导致一氧化碳的产生。④大量氧气的耗用,造成舍内缺氧。最好采用火炕、暖气或热风炉供暖。

27　如何设计一个批出栏 5 000 只的肉鸡舍?

批出栏 5 000 只肉鸡的鸡舍工艺设计如下。

(1)鸡舍尺寸　采用砖瓦结构,A 形屋顶、有窗鸡舍。鸡舍跨度 9.0 米,鸡舍长度 68 米,鸡舍高度(舍内地面距屋檐高度)2.3 米,饲养面积 480 米²。

(2)饲养密度　该舍建筑面积近 630 米²,操作间使用面积 34 米²,舍内饲养面积 480 米²,每栋容养 5 500 只,出栏育成率 95%,饲养密度 11.5 只/米²。

(3)供温设计　目前大多数肉鸡饲养户采用火炉供温,这种方式的最大优点是:方便,升温快;最大的缺点是:火炉易倒烟,污染舍内空气。也有的饲养户采用热风炉供温方式,这种方式的优点是:升温快;最大的缺点是:舍内干燥,相对湿度 35% 左右,很难提高舍内湿度,不利于雏鸡健康。因此,可采用火墙或火道的供温方式,这种方式最大的优点是舍内无烟，不污染空气，卫生干净，昼夜供温均衡；烧煤、木材均可，燃料获取方便。这种火墙供温方式，整个火墙均用坯砌成，在操作间端设火炉，火道延至另一端烟筒出屋顶。

（4）光照　采用普通白炽灯泡照明，光照时间及强度：1～3 日龄 24 小时照明；4～42 日龄 16 小时照明，8 小时黑暗；43 日龄至上市 23 小时照明，1 小时黑暗；光照度：1～3 日龄为 30 勒克斯(8 瓦/米^2)，4 日龄至出栏为 10 勒克斯（2.7 瓦/米^2 左右）。舍内安装电源控制开关，根据不同日龄的光照要求控制开启时间和照度。

（5）饮水设备及饮水位置　采用乳头饮水器，乳头饮水器能使鸡只饮用新鲜、洁净的水，杜绝外界的污染，防止疾病的传播，极大地控制了疾病的发生，同时节水，改善舍内环境，减少饲料浪费。饮水位置，每个乳头供 12 只肉鸡饮水。乳头饮水器的高度，随鸡的日龄增长不断调整。

（6）舍内网架设计　网架距离地面 40 厘米，由竹板制成，板条宽度为 4 厘米，板条间隙为 2.5 厘米。网架支柱用砖砌成，网架放置在砖支柱上，网架板块间用铁丝系靠。在饲养初期，网架上面铺设塑料垫网。

（7）通风设备　按照美国爱拔益加肉仔鸡通风的技术参数，每栋鸡舍饲养 5 500 只肉仔鸡，并按有效通风量的 90％来计算，将通风机安装在操作间另一端的山墙及南北墙。采用农牧用 9FJ‐12.5 型（3.5 万米^3/时）纵向通风机 2 台和 9FJ‐6.0 型（1.1 万米^3/时）1 台。根据肉鸡的不同周龄和体重大小，同时根据当时舍内的空气污染情况决定开启风机多少。

（8）降温设计　在一年当中，高温的影响一般会导致体重下降，饲料报酬降低，成活率低，经济效益差。因此，最好采用现代湿帘降温方法。湿帘由一种进口特制纸制成，在正常水的浸泡中连续 24 小时不会变形。湿帘降温的原理是由波纹状的多层纤维纸通过水的蒸发，使舍外空气通过这种波纹状的多层纤维纸空隙进入鸡舍使空气冷却，而使舍内空气降温。由于创造了良好环境，肉鸡能够正常生长。在鸡舍操作间两侧墙壁安设降温湿帘，湿帘尺寸为高

2米、宽6米。安装及使用操作见产品说明。

（9）窗的设计 窗的大小主要影响采光面积和通风量多少，窗面积设计主要考虑自然光与人工光相结合。设计采用每间南、北墙安装两个窗，窗的尺寸为1.8米×2.0米。

28 鸡舍进气管通风有什么作用？怎样设计安装？

管道通风是使用直径20厘米的PVC管，由鸡舍外侧斜上方进入鸡舍内走廊上方，然后固定在屋顶上，作为进风口，该法不管是自然通风还是机械通风都适用。尤其是冬天不敢开侧窗或地窗时，管道进风方式最好。因为该方式进风柔和，投资少，能够很好地发挥作用，很多现代化鸡舍都采用该方式补充通风。进风口应朝下。

通风是否有效，不能只看温度计或温控器上的显示数据，这些只能作为参考数据，不能作为鸡只的体感温度数据。

判断鸡的体感温度唯一的依据是观察鸡群的状态，以鸡群分布均匀、活动自如、饮食欲正常、不尖叫、不扎堆、生产性能稳定等为标准。鸡群的体感温度必须综合鸡舍内的绝对温度与空气流动速度、鸡群的日龄、性别、鸡舍环境等多方面信息。鸡舍风速越大，鸡只的体感温度越低，与温度计记录值的差距也就越大；而鸡只的年龄越小，风速造成的风冷效应也就越明显。

为了不让冷风落到鸡身上，通风管要足够长，并且与屋顶平行，均匀分布。

通风管出风的端口要堵死，让风从你打的孔里出来，如果通风管离屋顶距离在1米以上，建议打三排孔，并且是斜向上的，也就是顶上一个，管两边各一个。每层孔之间的间距在15厘米左右，如果离屋顶较近，斜向上打两排孔即可。每个孔直径一般为3厘米（图4-4）。

通风管只是在冬春外界气温较低时使用，而且要明确通风管最大满足几台风机运转，当风机开启超出通风管进风面积后，要结合舍内负压和通风小窗联合使用，避免通风换气不足，或者舍内负压过大，给鸡群带来应激。

图 4-4 通气管孔
（山东省农业科学院家禽研究所提供）

29 新旧能源转换在肉鸡养殖上有什么新技术？

地源热泵、空气源热泵、太阳能机组，比燃烧煤炭环保，这是绿色能源和终极能源的强强联合，也是养殖业中新旧能源转换的新方向。

在节能减排环境大趋势下，燃煤、燃气、燃油热水锅炉与时代环境发展主题相背，正慢慢被限制使用，电锅炉由于效率较低，使得运行成本居高不下，太阳能热水器受天气影响较大。

地源热泵是从大地里提取冷热量。由于大地吸收了 47% 的太阳能，所以较深的地层能常年保持恒定的 13～20℃地温，因此地源热泵可克服空气源热泵的技术障碍，且效率大大提高。地下土壤的温度常年基本恒定，所以本系统的制冷制热不受环境温度变化的影响，并且制热时不存在化霜所导致的热量衰减，因此运行费用较低。

空气源热泵是一种利用高位能使热量从低位热源空气流向高位热源的节能装置。它是热泵的一种形式，可以把不能直接利用的低位热能（如空气、土壤、水中所含的热量）转换为可以利用的高位热能，从而达到节约部分高位能（如煤、燃气、油、电能等）的目的。空气源热泵＋太阳能机组一体运行成本低，比燃烧煤炭环保，这是绿色能源和终极能源的强强联合（图 4-5）。

图 4-5　空气源热泵＋太阳能机组一体运行
（山东赫尔斯农业有限公司提供）

五、肉鸡健康养殖品种选择

30 **目前什么样的肉鸡品种比较好养？**

无论是从国外引进的快长型肉鸡品种，还是我国自主培育的肉鸡品种，都有其各自的特点。从国外引进的快长型肉鸡品种生长速度快、饲料报酬高、产肉量大，一般6周龄平均体重可达2千克，料肉比在（1.9~2）∶1。这些鸡种大多是白色羽毛，如艾维茵肉鸡、爱拔益加肉鸡、罗曼肉鸡、哈巴德肉鸡、彼德逊肉鸡、宝星肉鸡、阿康纳肉鸡等。这些品种对饲料及饲养环境要求相对较高，胸腿病较多，肉质不如我国的地方品种。

我国有很多优质肉鸡品种，多数是蛋肉兼用鸡经长期选育而成，也有一部分是地方品种与引进的快长型肉鸡品种进行杂交培育而成，其特点是适应能力和抗病能力强，对饲料及饲养环境要求相对较低，肉质优于白羽肉鸡，尤其是仿土"三黄鸡"，肉质鲜美，有滋补作用，深受消费者的欢迎。但其生长速度慢、饲料报酬较低、饲养周期长，大约需要120天，平均体重才能达到1.5~2.0千克，料肉比在（2.8~3.5）∶1。如石岐杂鸡、惠阳胡须鸡、北京油鸡、湘黄鸡、浦东鸡、长沙黄鸡、桃源鸡、肖山鸡、固始鸡、河田鸡、丝羽乌骨鸡等。

31 **哪些肉鸡品种比较好？**

目前饲养较多的引进品种主要包括爱拔益加肉鸡、艾维茵肉鸡、罗斯308肉鸡等，我国较好的肉鸡品种包括寿光鸡、北京油鸡、浦东鸡等。

（1）艾维茵肉鸡　祖代生产性能：入舍母鸡平均产蛋率母系60%、父系52%，累计产蛋数母系163枚、父系138枚，产蛋合格率平均为91%；平均孵化率母系为82%、父系77%，生产雏鸡母系122只、父系94只，生产可售父母代雏鸡母系58只、父系45只；41周龄可产蛋187枚，产种蛋数177枚，入舍母鸡产健雏数154只，入孵种蛋最高孵化率91%以上。

艾维茵肉鸡商品代生产性能：商品代公母混养49日龄体重2615克，耗料4.63千克，饲料转化率1.89，成活率97%以上。

艾维茵肉鸡可在全国绝大部分地区饲养，适合集约化养鸡场、规模鸡场、专业户和农户饲养。

（2）爱拔益加肉鸡　又称AA肉鸡，是美国培育的四系配套的白羽肉鸡品种，AA肉鸡具有生产性能稳定、增重快、胸肌产肉率高、成活率高、饲料报酬高、抗逆性强的优良特点。

AA肉鸡父母代生产性能：全群平均成活率90%；入舍母鸡66周龄产蛋数193枚，产种蛋数185枚，产健雏数159只；种蛋受精率94%，入孵种蛋平均孵化率80%；36周龄蛋重63克。

AA肉鸡商品代生产性能：商品代公母混养35日龄体重1770克，成活率97%，饲料利用率1.56；42日龄体重2360克，成活率96.5%，饲料利用率1.73，胸肌产肉率16.1%；49日龄体重2940克，成活率95.8%，饲料利用率1.90，胸肌产肉率16.8%。

（3）罗斯308肉鸡　是由美国育种公司推出的肉鸡品种，其父母代种用性能优良，商品代的生产性能卓越。父母代23周龄入舍母鸡产健雏145只，商品代公母混养35日龄平均体重可达1882克，饲料转化率1.59，42日龄平均体重2474克，饲料转化率1.72，49日龄平均体重3052克，饲料转化率1.85。

（4）寿光鸡　属较大型地方优良肉蛋兼用型鸡，分为大、中两个品系，原产于山东省的寿光市。

寿光鸡体躯高大，骨骼粗壮，体长胸深，背宽平直，腿高而粗，脚爪大而结实。具有适应性和抗逆性强、遗传性能稳定、外貌特征一致、蛋肉品质优良的特性。

寿光鸡全身黑羽，单冠，喙、胫、爪为黑色，皮肤为白色。成年公鸡体重大型为 3.61 千克，中型为 2.88 千克；成年母鸡体重大型为 3.31 千克，中型为 2.34 千克。90 日龄公鸡体重 1.31 千克，母鸡 1.056 千克。大型母鸡年产蛋量为 90～100 个，蛋重 65～75克，中型母鸡年产蛋量为 120～150 个，最高可达 213 个，蛋重60～65 克，蛋壳颜色为红褐色。

（5）北京油鸡　是北京地区特有的地方优良品种，距今已有300 余年。北京油鸡是一个优良的肉蛋兼用型地方鸡种。

北京油鸡体躯中等，羽色美观，主要为赤褐色和黄色羽色。赤褐色者体型较小，黄色者体型大。雏鸡绒毛呈淡黄或土黄色。冠羽、胫羽、髯羽也很明显，很惹人喜爱。成年鸡羽毛厚而蓬松。公鸡羽毛色泽鲜艳光亮，头部高昂，尾羽多为黑色。母鸡头、尾微翘，胫略短，体态敦实。北京油鸡羽毛较其他鸡种特殊，具有冠羽和胫羽，有的个体还有趾羽。不少个体下颌或颊部有髯须，故称为"三羽"（凤头、毛腿和胡子嘴）。

北京油鸡的生长速度缓慢。屠体皮肤微黄，紧凑丰满，肌间脂肪分布良好，肉质细腻，肉味鲜美。其初生重为 38.4 克，4 周龄重为 220 克，8 周龄重为 549.1 克，12 周龄重为 959.7 克，16 周龄重为 1 228.7 克，20 周龄的公鸡为 1 500 克、母鸡为 1 200 克。

北京油鸡开产日龄 170 天，种蛋受精率 95％，受精蛋孵化率90％，雏鸡成活率 97％，雏鸡死亡率 2％，年产蛋量 120 枚，蛋重54 克，蛋壳颜色为淡褐色，部分个体有抱窝性。

北京油鸡外形独特，生命力强，遗传性能稳定，鸡肉品质和蛋质优良，是我国一个非常珍贵的地方鸡种，具有良好的开发应用前景。

（6）浦东鸡　俗名九斤黄，原产于上海市黄浦江以东地区，故名浦东鸡。浦东鸡是我国较大型的黄羽鸡种，肉质特别肥嫩、鲜美，香味甚浓，筵席上常做成白斩鸡或整只炖煮。浦东鸡体型较大，呈三角形，偏重产肉。公鸡羽色有黄胸黄背、红胸红背和黑胸红背 3 种。母鸡全身黄色，有深浅之分，羽片端部或边缘常有黑色斑点，因而形成深麻色或浅麻色。公鸡单冠直立，冠齿多为 7 个；母鸡有的冠齿不清。耳叶红色，脚趾黄色。有胫羽和趾羽。生长速度早期不快，长羽也较缓慢，特别是公鸡，通常需要 3～4 月龄全身羽毛才长齐。成年体重公鸡 4.0 千克，母鸡 3.0 千克左右。公鸡阉割后饲养 10 个月，体重可达 5～7 千克。年产蛋量 100～130 枚，蛋重 58 克。蛋壳褐色，壳质细致，结构良好。

（7）石岐杂鸡　该品种保留了地方三黄鸡种骨细肉嫩、味道鲜美等优点，克服了地方鸡生长慢、饲料报酬低等缺陷。一般肉仔鸡饲养 3～4 个月，平均体重可达 2 千克左右，料肉比（3.2～3.5）：1。

（8）清远麻鸡　该品种母鸡似楔形，头细、脚细、羽麻。单冠直立，脚黄，羽色有麻黄、麻棕、麻褐。成年公、母鸡体重分别为 2.2 千克和 1.8 千克，90 日龄公、母鸡平均体重为 900 克。

（9）固始鸡　该品种个体中等，外观清秀灵活，体型细致紧凑，结构匀称，羽毛丰满。羽色分浅黄、黄色，少数黑羽和白羽。冠型分单冠和复冠两种。90 日龄公鸡体重 500 克、母鸡体重 350 克，180 日龄公、母鸡体重分别为 1.3 千克和 1 千克。

（10）鲁禽 1 号麻鸡　是由山东省农业科学院家禽研究所培育而成的优质肉鸡新品种。体型外貌特征良好，是以山东省优良地方品种琅琊鸡为育种素材培育而成的，保持了地方优良品种的体型外貌特征，公鸡颈羽、覆尾羽呈金黄色或红色，背羽、鞍羽呈红褐色，富有光泽，主翼羽、尾羽间有黑色翎闪绿色光泽。母鸡全身麻羽，分为黑麻和黄麻两种，颈羽有浅黄色镶边，腹羽浅黄或浅灰色，尾羽为黑色。生产性能高，10 周龄公鸡体重 2.05 千克，料肉比 2.3：1，母鸡体重 1.68 千克，料肉比 2.5：1，成活率 99.7%。

（11）鲁禽 3 号麻鸡　是由山东省农业科学院家禽研究所培育而成的优质肉鸡新品种。鲁禽 3 号麻鸡配套系的培育是以专门化品系培育为基础培育而成的高档优质型。该配套系保持了育种素材琅琊鸡的羽色、胫色、冠型等良好的体型外貌特征和肌肉品质，体型紧凑，腿细高，喙、胫（趾）呈青色，皮肤白色。单冠，冠大鲜红、直立，脸部鲜红色，性成熟早。公鸡颈羽呈金黄色，披肩羽、鞍羽呈红褐色，富有光泽，主翼羽、尾羽间有黑色翎闪绿色光泽。母鸡羽色分为黑麻和黄麻两种，颈羽有浅黄色镶边，尾羽为黑色。13周龄公、母鸡平均体重1 856.5克，饲料转化率为3.36，成活率99.7％。该品种适应性强、抗病力强，适于散养、山地（果园、速生林地等）放养等饲养方式。

32 选择肉鸡品种时应考虑哪些因素？

（1）市场销售　养殖户可以根据当地肉鸡消费的特点，确定选择养什么品种，也就是说哪个品种的鸡好卖就养哪个品种。如当地有肉鸡加工企业或大型肉鸡公司，快长型肉鸡品种销路好，就可以饲养艾维茵肉鸡、爱拔益加肉鸡、罗曼鸡等肉鸡品种；还可以饲养肉鸡公司"放养"的肉鸡，也就是选择"公司＋农户"的饲养方式；如果本地区对土种鸡的需求量较大，就可以饲养我国的地方品种肉鸡。无论选择哪个品种，只要搞好饲养管理、产销对路，都能取得比较好的经济效益。

（2）经济条件　养殖快长型肉鸡品种对饲料以及饲养环境要求相对较高，鸡舍建设投入相对较高，因此应根据自己的经济条件选择饲养的品种，一开始规模不应太大。如资金较少，可以建简易的大棚饲养一些适应能力和抗病能力较强的地方品种。

（3）环境条件　建设鸡舍需要很大的面积，一般饲养2 000～3 000只肉鸡需要建造长30米、宽9.5～10米、高3米左右的鸡舍，如果在山地附近居住，不宜修建如此大的鸡舍，应考虑饲养土种鸡，选择放养的饲养方式。

六、优质肉鸡健康养殖

33 现在消费者比较喜欢土鸡，能介绍一下土鸡吗？

我们现在习惯上把除从国外引进的白羽快大型肉鸡外的其他鸡统称为土鸡。其实土鸡包含多个类群，一是纯正的地方良种，如山东省寿光鸡、琅琊鸡、汶上芦花鸡等；二是不含外来鸡的血液但也不具备品种特征，又有一定数量的当地鸡；三是用外来品种杂交后的当地鸡，又称土杂鸡，在某些生产性状上具有双重性，如用引进肉鸡杂交，后代在生长速度上明显加快，有些外貌还似地方鸡。

34 饲养土鸡有什么特殊要求吗？

土鸡即优质商品肉鸡生产类似于快大型白羽肉鸡，因为其目的都是提供达到市场要求的体重且整齐一致的肉鸡。但两者又有所不同，如优质商品肉鸡生长速度相对缓慢，对饲料的营养要求有较强的适应能力，生长后期沉积脂肪的能力强，羽毛丰满，性成熟早等。因此，在饲养管理上要充分考虑其自身的特点。

35 优质肉鸡一般饲养到几周龄可出栏？

没有绝对要求，应根据优质肉鸡的品种、生长速度、市场需要适时出栏。纯地方品种一般在 6 月龄、培育品种 3 月龄、体重达到 1.5 千克以上就可以出栏。根据优质肉鸡的生长发育规律及饲养管理特点，大致可划分为育雏期（0～5周龄）、生长期（6～8周龄）和肥育期（9周龄后或出栏前2周）。但在实际饲养过程中，饲养阶段的划分又受到鸡品种和气候条件等因素的影响。例如，在寒冷季节，优质肉鸡育雏期往往延长至7周龄后，羽毛生长比较丰满、抗寒能力较强时才脱温；而气候温暖季节，育雏期可提前到4周龄，甚至更短的时间。养殖户应根据实际情况灵活掌握。

36 优质肉鸡的饲养方式有几种？各有什么要求？

优质肉鸡的饲养方式通常有地面平养、网上平养、笼养和放牧饲养4种。

（1）地面平养　对鸡舍的要求较低，在舍内地面上铺5～10厘米厚的垫料，定期打扫更换即可，或用15厘米厚的垫料，一个饲养周期更换一次（图6-1）。平养鸡舍地面最好为混凝土结构。在土壤为干燥的多孔沙质土的地区，也可用泥土地作为鸡舍地面。地面平养的优点是设备简单，成本低，胸囊肿及腿病发病率低。缺点是需要大量垫料，占地面积多，使用过的垫料难于处理，且常常成为疾病传染源，易发生鸡白痢及球虫病等。

图6-1　优质肉鸡地面平养
（山东省农业科学院家禽研究所提供）

（2）网上平养　适合饲养5周龄以上的优质肉鸡。5周龄前在育雏舍培育，5周龄后转群到网上饲养，有利于充分利用育雏设备和加快肉用仔鸡后期的发育。网上平养（图6-2）的设备是在鸡舍内饲养区全部铺上离地面高60厘米的金属网或木、竹栅条，或在用钢筋支撑的金属地板网上再铺一层弹性塑料方眼网。鸡粪落入网下，减少了消化系统病感染机会，尤其对球虫病的控制有显著效果。木、竹栅条平养和弹性塑料网平养，胸囊肿的发生率可明显减少。网上平养的缺点是设备成本较高。

（3）笼养　笼养优质肉鸡近年来越来越广泛应用（图6-3）。鸡笼的规格很多，大体可分为重叠式和阶梯式两种，层数有3层、4层。有些养鸡户采用自制鸡笼。笼养与平养相比，单位面积饲养量可增加1倍左右，有效地提高了鸡舍利用率；由于鸡被限制在笼内活动，争食现象减少，发育整齐，增重良好，可提高饲料效率5％～10％，降低总成本3％～7％；鸡体与粪便不接触，可有效地控制鸡白痢和球虫病蔓延；不

图6-2　优质肉鸡网上平养
（山东省农业科学院家禽研究所提供）

图6-3　优质肉鸡笼养
（山东省农业科学院家禽研究所提供）

需垫料，减少垫料开支，减少舍内粉尘；转群和出栏时，抓鸡方便，鸡舍易于清扫。过去肉鸡笼养存在的主要缺点是胸囊肿和腿病的发生率高，近年来改用弹性塑料网代替金属底网，大大减少了胸囊肿和腿病的发生，用竹片作底网效果也较好。

（4）放牧饲养　在6周龄以后可采用放牧饲养，即让鸡群在自然环境中活动、觅食、人工饲喂，夜间鸡群回鸡舍栖息。该方式一般是将鸡舍建在远离村庄的山丘或果园之中（图6-4、图6-5），鸡群能够自由活动、觅食，得到阳光照射和沙浴等，可采食虫、草和沙砾、泥土中的微量元素等，有利于优质肉鸡的生长发育，鸡群活泼健康，肉质特别好，外观紧凑，羽毛有光泽，不易发生啄癖。

图6-4 优质肉鸡林地放养
（山东省农业科学院家禽研究所提供）

图6-5 优质肉鸡山地放养
（山东省农业科学院家禽研究所提供）

37 肉鸡立体笼养有什么优点？

（1）笼养肉鸡可提高饲养密度，提高土地利用率 见图6-6。

（2）笼养肉鸡饲料利用率高，降低饲料成本 主要是因为笼养肉鸡活动范围小，鸡群活动受到限制，减少了运动消耗，从而提高了料肉比。

图6-6 肉鸡立体笼养
（山东省农业科学院家禽研究所提供）

（3）可提前2天出栏，缩短饲养周期 主要是因为笼养肉鸡活动范围小，所消耗的能量少，生长速度相对较快。

（4）降低疾病发病率，减少药物成本 因为笼养肉鸡与地面、粪便隔离，可有效地控制球虫病等肠道疾病的发生；不用垫料，消除了细菌、微生物的滋生环境，降低了多种疾病发病的可能性；粪便日积日清，降低了鸡舍空气中的氨气、硫化氢等有害气体含量，改善了鸡舍卫生环境，减轻了有害气体对呼吸道黏膜的不良刺激，降低了呼吸道疾病的发病率。

（5）提高肉鸡存活率，增加养殖收入 主要是因为：①笼养肉鸡活动范围是在笼子中，减少了因采食、饮水等活动形成挤压而造成的死亡；②笼养肉鸡发病率低，死亡率自然就下降；③笼养肉鸡饲养周期短2天，也降低了死亡概率。

38 肉鸡立体笼养管理要点有哪些？

（1）消毒　雏鸡进场前5天，避免用有腐蚀性的消毒液，以防设备损坏。

（2）温度　立体养殖时，上、中、下三层鸡笼有温差，而且室外温度越低，温差就越大。管理者可以参考中间温度，育雏时一般都在最高层，因为最高层温度最高，这样有利于节约热量。

（3）分群　当雏鸡密度过大时，要适时分群，确保雏鸡体重均匀。分群时采取"留弱不留强"的原则，体重大、健壮的抓出来放在下层，弱的留下，并根据季节灵活调整分笼时鸡的日龄。

（4）饮水　漫长的运输过程加上雏鸡舍的温度较高，雏鸡体内水分消耗很大。因此，鸡苗进舍后要确保2小时内全部能饮到水，对部分弱雏，可以用人工蘸嘴的方法让其饮水，目的是让雏鸡尽快地学会喝水。蘸嘴的方法是用手轻轻握住雏鸡，用拇指和食指固定好鸡头部，让鸡喙浸入水中即可。另外，乳头式自动饮水器的高度要适中，滴头太低，雏鸡就会站在滴头的接水杯中而弄湿羽毛；滴头太高，弱雏饮不上水。另外还要适当调整饮水线上的减压阀，压力太大，雏鸡害怕会躲开，也浪费水资源；压力太小，末端的雏鸡饮水量就有可能达不到。随着鸡日龄增大，要适当增加水压。雏鸡第1次饮水应饮用25℃温开水，在水中加入5%的葡萄糖和0.1%的维生素C。饮水器要经常冲洗，在整个育雏期，饮水一定不能间断。

（5）开食及饲喂　雏鸡入舍后一定要先饮水、后喂料，这样做有利于雏鸡的消化。饮水后2～3小时再将饲料放入开食盘中，供雏鸡啄食。立体养殖平均每25只雏鸡使用1个小食槽，一定要少添勤添，以防止饲料污染和霉变。开食槽一般用7天左右，然后换为长条槽，长条槽面积大，吃到最后时饲料减少，雏鸡采食速度开始减慢，所以要勤用毛刷把饲料扫到离鸡近的一面，利于雏鸡吃料，也防止饲料霉变。最初 10 天，每天喂 6～8 次，为了使雏鸡有良好的食欲，在马上吃光但尚未吃光时给料最佳。在雏鸡前 3 天严格按饲养标准定时、定量给料，防止肉鸡生长速度太快，造成免疫器官发育不完整，以至于后期抗病能力差，在鸡出栏前 3 天，就可自由采食。

（6）光照　立体养殖鸡舍采用人工光照，便于控制光照时间。育雏前 7 天，一般采用 24 小时光照，以后逐渐减少为 22 小时光照、2 小时黑暗，然后在出栏前 1 周逐渐增至 24 小时光照。目的是让雏鸡习惯黑暗环境，不至于因为突然停电造成鸡群的惊慌，从而发生挤压、造成伤亡（图 6-7）。

图 6-7　肉鸡立体笼养人工光照
（山东省农业科学院家禽研究所提供）

39 肉鸡立体笼养的环境如何控制？

（1）通风　养殖成功的关键在于通风。合理的通风能排除有害气体，控制温度，降低腹水症、慢性呼吸道和大肠杆菌病等病的发生概率。立体养殖单位鸡舍面积的密度较大，所以通风更重要。雏鸡进场后 24 小时内由于整体育雏空间大，可以不通风。随着鸡只日龄的增大，应增加通风量，调整进风口位置和大小。白天、夜晚、阴天、晴天、春夏、秋冬，都要适时地不断调整通风，达到舍内空气无异味、不刺眼、不缺氧、较舒适的感觉，给鸡只创造良好的生长空间，增强机体抗病能力，减少疫病的发生。

（2）设备使用　随着规模化、自动化程度的不断提高，应该使人和设备有机结合。操作员不但要熟悉设备的原理，还要勤观察，因为温控器与鸡舍内温度的数值有一定的误差，要把这个误差值调到最小，这样才能使鸡舍的温度调到鸡最适宜生长的温度。另外，操作员一定要熟练掌握设备的使用方法及鸡在各阶段的饲养程序，并能及时发现和维修设备出现的故障。一旦设备使用不当或设备出现故障，就会造成巨大的经济损失。

40 优质肉鸡的光照程序是怎样的？

给予商品优质肉鸡光照的目的是延长肉鸡采食的时间，促进其快速生长。光照时间通常为每天 23 小时光照、1 小时黑暗，光照强度不可过大，否则会引起啄癖。开放式鸡舍白天应采取限制部分自然光照，这可通过遮盖部分窗户来达到目的。随着鸡的日龄增大，光照强度则由强变弱。1～2 周龄时，每平方米应有 2.7 瓦的光量（灯距离地面 2 米）；从第 3 周龄开始，改用每平方米 1.3 瓦；4 周龄后，弱光可使鸡群安静，有利于生长。

41 如何防止优质肉鸡啄癖的发生？

优质肉鸡活泼好动，喜追逐打斗，特别容易引起啄癖。啄癖的出现不仅会引起鸡的死亡，而且影响以后的商品外观，会给生产者带来很大的经济损失，必须引起注意。

引起啄癖的原因很多，如饲养密度过大、舍内光线过强、饲料中缺乏某种氨基酸或氨基酸比例不平衡、粗纤维含量过低及鸡的习性等。在生产过程中，出现啄癖往往很难找到主要诱发因素，这时需先想办法制止，再排除诱因。一旦发现啄癖，将被啄的鸡只捉出栏外，隔离饲养，啄伤的部位涂以紫药水或鱼石脂等带颜色的消毒药；检查饲养管理工作是否符合要求，如管理不善，应及时纠正；饮水中添加 0.1% 的氯化钠；饲料中添加矿物质添加剂和多种复合维生素。如果采用上述方法鸡群仍继续发生啄癖或啄癖现象很严重，应对鸡群进行断喙。

42 优质肉鸡断喙应注意什么？

优质肉鸡的断喙多在雏鸡阶段，一般在 1 日龄或 6～9 日龄进行。1 日龄断喙因初生雏的喙短而小，难以掌握深浅度，不易断均匀，一般都选择 6～9 日龄进行。断喙时应注意止血，通过与刀片的接触灼焦切面而止血。断喙前后 3～5 天最好在饲料中加入高剂量的维生素 K（每千克饲料加 2 毫克）。为防止感染，断喙后在饲料或饮水中加入抗生素，连服 2 天。

43 有人说现在的肉鸡长得快，是因为喂了激素，很多人不敢吃鸡肉，真是这样吗？

这是一种错误的说法，现在肉鸡长得快，与品种有关。近年来，国外一些育种公司先后培育了多个快大型的肉鸡品种，这些鸡42 天就可以长到 2.5 千克重，比地方鸡的生长速度要快几倍，我国已经大量引进，现在规模饲养的肉鸡多数都是这些品种，与激素无关。激素是国家规定不允许添加的，再者如果添加激素，势必要增加饲养成本，从经济角度说也是不合算的。因此，现在的鸡肉可以放心去吃。

44 现在的鸡肉吃起来没有什么味道，是否与饲养过程中用药过多有关？

现在的引进肉鸡吃起来口感差，是因为其生长太快，有一些决定风味的物质如脂肪、风味氨基酸等还没有在肌肉间沉积，而鸡的肌肉纤维又特别细腻，所以嚼起来没有劲，也没有香味。另外，与饲养方式也有一定的关系，如果采用散养，延长出栏时间，口感也会改变的，但经济上就不合算了。

45 是否可以在果园或树下放养优质肉鸡？

果园、林地都可以养鸡，而且还有不少好处：可以消灭害虫，增强鸡体健康状况；减少农药使用，有利于无公害水果的生产；鸡食野草，鸡粪肥园；天然隔离，降低疾病传播。

46 林地养鸡是否需要免疫和用药？

需要。林地养鸡的免疫接种，需结合当地的实际情况进行。一般采用以下办法：1日龄接种马立克病疫苗、鸡痘疫苗；8～20日龄接种鸡新城疫传染性支气管炎二联疫苗、鸡传染性法氏囊病疫苗；26～30日龄接种传染性喉气管炎弱毒疫苗；30～40日龄接种新城疫1系疫苗＋禽流感疫苗。

预防用药：林地养鸡养殖户可以就地取材，用中草药煮水给鸡饮，或研粉拌饲料喂鸡，代替使用抗生素。这样既可以节省药物开支，又可减少鸡的药物残留，从而推广了无公害食品生产。

47 林地养鸡的优点有哪些？

（1）产品质量好，林地资源丰富　不仅有普通的植物性饲料、虫类饲料，还有一定的中草药。树林内很少有农药喷施，空气新鲜，有利于提高鸡肉品质。

（2）采食天然饲料，降低饲养成本　林地内富有天然饲料资源，每天补充少量的饲料即可满足鸡营养需要，相对于庭院饲养成本大幅度降低。

（3）环境卫生，成活率提高　林地的自然环境是最理想的养鸡场地，空气清新，阳光充足，天然的隔离环境，少有的应激因素，有助于鸡体健康和疾病的预防。

（4）以鸡除虫，鸡粪肥地　树林为鸡提供优越舒适的生活环境，鸡捕捉一定的林地害虫，同时将鸡粪便直接排泄在林地里，作为林木生长的优质肥料。

48 林地养鸡应注意什么问题？

林地养殖的鸡肉质好、风味佳，符合现代人要求的无公害食品标准。鸡能有效防治树林害虫，节约了饲料费、肥料费和病虫害防治费；其产生的粪便可为树林和牧草生长提供优质的有机肥料，形成以草养鸡、以牧促林、以林护牧的良好生态循环。但应注意以下问题：

（1）牧草与鸡种选择　林草立体群落结合可以达到地上光能高效利用、地下土壤养分充分吸收的目的，幼林期种植牧草，既可避免土地浪费，防止水土流失，又可收获牧草。牧草以多年生为好，避免每年播种，同时要求分枝分蘖多，再生性强、适应性强、适口性好。适用草种有豆科的白三叶、苜蓿（图6-8），禾本科的黑麦草、冬牧70黑麦等，牧草应精耕细作。所选择的鸡苗应考虑下列因素：一是生产性能，可考虑选择肉鸡、蛋鸡、杂交鸡。二是羽毛与市场要求，市场销售要求毛色好。三是风味与嫩度。四是适应性。五是鸡苗价格。六是鸡苗运输的远近。目前所选择的鸡种多为地方优质柴鸡。

图6-8　苜　蓿
（山东省农业科学院家禽研究所提供）

（2）场地的选择　应选择远离畜禽交易场所、畜禽屠宰场、加工厂、化工厂、垃圾处理场，经环保监测符合无公害要求、相对封闭、易于隔离、向阳、避风、干燥的场地。树林的荫蔽度要求在70%以上，以便鸡群在阳光强烈照射时到树荫下乘凉，防止鸡群中暑。

（3）密度与规模　养殖规模要与配套利用的资源条件相适应，若规模过大，超出了所承载资源的吸纳能力，反而不能体现所应有的生态效果。林地放养密度一般为每亩100～200只，密度过大，草虫等饵料不足，则增加精料饲喂量，影响鸡肉、蛋的口味；密度过小，浪费资源，生态效益低。放养规模一般以每群1 000～2 000只为宜，采用全进全出制。

（4）放养时间选择　可根据林地饲料资源和鸡的日龄综合确定放养时期。除寒冷天气外，一般一年四季皆可放牧，充分利用牧草生长期，虫、蚁等昆虫繁衍旺盛，鸡群可采食到充足的生态饲料。

（5）加强放牧期管理　为尽早使小鸡养成在果园林地觅食的习惯，从脱温转入果园林地开始，每天早晨至少由2人配合，进行引导训练。放养初期每天放牧3～4小时，以后逐日增加放牧时间。放养时间不能过早，过早时天气寒冷，雏鸡抵抗力差，难以成活，除了下雨或大风天气，都可以使雏鸡在室外活动，傍晚再将鸡赶回鸡舍。在补料时，进行吹口哨、敲料桶等训练，使其形成条件反射。划分轮牧区：一般10亩林地划为一个牧区，每个牧区用尼龙网隔开，这样既能防止老鼠、黄鼠狼等对鸡群的侵害和带入传染性病菌，有利于管理，又有利于食物链的建立。一个牧区草虫不足时，再将鸡群赶到另一牧区放牧（图6-9）。

图6-9　轮　牧
（山东省农业科学院家禽研究所提供）

（6）补饲　由于放养鸡的品种多为地方土鸡，其生长速度较慢，故所用的饲料营养水平不宜过高。一般在小鸡阶段使用无公害饲料厂家生产的小鸡配合饲料；在中大鸡阶段则按一定比例拌入无污染的稻谷、统糠、青菜叶、牧草等青粗饲料。为增加鸡肉的口感和风味，应适当延长饲养周期，控制出栏时间，一般在性成熟时出栏品质最佳。

七、肉鸡健康养殖饲料选择

49 鸡饲料价格较高，在不影响鸡生长的情况下，怎样节约饲料？

肉鸡在饲养过程中，饲料、燃料、药品、水、电等都是必不可少的。但饲料成本占养鸡成本的 60%～70%，因此，降低饲料成本，提高饲料报酬是降低成本的主要措施。

(1) 加强育雏管理，减少饲料浪费　育雏期间饲料浪费最严重。在雏鸡入舍后 3～5 小时，便可以开食。有条件的用开食盘，把料加入少许的水（料抓入手中抓紧后松开，料自然松开为宜）以增加适口性，应本着"少加料、勤添料、不断料"的原则，即快吃完时就添加，不能断料，否则添料时鸡群拥挤，或鸡舍地面比较滑，易使鸡只关节脱臼，增加淘汰率。

(2) 提高料桶高度，减少鸡只淘汰率　一般雏鸡在 3～4 日龄开始，一直到 14 日龄，使用小料桶，应将料桶吊起，但料桶不离开网面。到 15 日龄时，将料桶吊起的高度略低于鸡背。17～19 日龄时，一直到出栏，将料桶的高度吊到与鸡背相平，这样做的好处是既可以减少饲料的浪费，又能降低鸡趴着觅食的机会，降低鸡腿病、胸囊肿的发生率，提高经济效益。

50 使用什么样的喂料器可节省饲料？

饲料的成本在鸡场总成本里占 70% 左右，鸡采食时挑食造成的饲料被甩出料桶外的现象，在一般养鸡场里随处可见。为控制这一现象的发生，养鸡户采取了很多办法，比如断喙，改料桶为深层料槽，使料桶与鸡背的高度平齐等。近来有人将开食盘与料桶结合起来，方法是自己制作较大的开食盘，使料桶底放进去还有富余的地方，这样，鸡从料桶甩出的饲料就落在盘内，其他的鸡会不嫌弃地捡起吃掉，这样的办法不会增加生产成本，还能节约饲料。

51 养鸡户在自配饲料时要考虑哪些因素？

第一，要考虑原料组成，自配饲料比购买的饲料成本降低不少，但自配的饲料必须满足鸡的正常生长需要。一般而言，最优的饲料配方不一定是最经济的饲料配方。我们优先选择当地出产的饲料作物，如玉米、稻谷、小麦等，再酌情购买预混料原料浓缩料、添加剂等，以配出鸡需要的全价饲料，才最有可能获得最佳经济效益。值得注意的是，这些组成原料必须是质量可靠、没有霉变的，棉粕、菜粕要经脱毒才能使用。

即便是可靠的原料，也要注意其使用比例，就像不能全部用菜粕代替动物源性蛋白，不能全部用小麦作为能量饲料一样。适当的饲料添加剂投入会带来利润的上升，比如大蒜素、加酶益生素等，它们对鸡群作用非常明显。

第二，要确保饲料原料的吸收利用率。养鸡户在参考相关资料上的配方配备饲料时常犯一个错误，就是不注意饲料原料的可吸收利用率。比如蛋白质饲料中，鱼粉、豆粕、菜粕、棉粕的吸收利用率是逐渐降低的，这也是某些蛋白含量高的饲料反而比蛋白含量低的饲料卖价低的原因。而添加的矿物质元素中的钙、磷虽然表面上比例合适，但真正被吸收的却不知有多少，常会造成被吸收的钙、磷的比例失调，引发骨骼病症和血液病症。如鸡对石灰石中的钙只能吸收 1/3，对贝壳、蚌壳中的钙也只能吸收 2/3。

52 饲料形状对鸡的采食和消化吸收有影响吗？

有影响。不同形状的饲料对不同种类的或同一种类但不同阶段的鸡可以发挥其独特的作用，以达到其独特的效益。如1日龄雏鸡用碎裂料开食，是因为其具有卫生、易采食、不浪费等优点；肉用仔鸡采食颗粒料，是因为它适口性好、易采食，鸡无法挑剔，可全部吃净，不浪费且比较卫生；对正处于限饲阶段的蛋鸡或放养的土鸡，用颗粒料以达到其耐饥的目的；粉料营养比较完善，鸡采食慢，所有的鸡能均匀采食，也不容易变质，因为一次可添加几天的饲料，节省劳力，因此它适用于各种品种和年龄的鸡。

53 肉鸡是否吃得越多长得越快？

不是。很多养殖户为使肉鸡增重快，多采取自由采食的方法，这样做会出现猝死鸡多、腿病发生率高、腹水病的发生率高的现象。因此，肉鸡饲养应适当地限制喂料量。

限制喂料日期从4日龄开始，可限制到出栏前1周。原则是使鸡只一次性采食量增加，而总饲料投入减少，但饲料利用率高。采取限制饲养时应注意：限饲的鸡群必须健康无病，发育良好，必须提供足够的饮水器和料桶，且每次给料充足；控制好鸡舍的环境，增加含多种维生素的饮水，减少鸡群应激；应多注意避免限饲时鸡只抢料发生意外损失。

54 肉鸡1号料饲喂多久合适？如何换料？

一般1号料饲喂2周，冬季可适当延长。换料时应有过渡期，严禁突然换料。假设A为前料，B为后料，两者为不同期或不同批次的饲料。第一种换料方式：2/3的A料加1/3的B料混合饲喂1～2天；1/2的A料加1/2的B料混合饲喂1～2天；1/3的A料加2/3的B料混合饲喂1～2天，然后全喂B料。第二种方式：2/3的A料加1/3的B料混合饲喂2～3天；1/3的A料加2/3的B料混合饲喂2～3天，然后全喂B料。第三种方式：1/2的A料加1/2的B料混合饲喂3～7天，然后全喂B料。采用过渡饲料的方式饲喂，目的是减少由于突然换饲料所带来的应激反应，防止换料后消化不良，采食量下降。

八、肉鸡健康养殖的饲养管理

55 肉仔鸡有哪些特点？

肉仔鸡和其他畜禽相比有如下特点。

（1）早期生长速度快　肉仔鸡出壳体重在 40 克左右，饲养至 7 周龄时体重可达 2 500 克左右，为出壳时体重的 60 多倍。

（2）生长期短，资金周转快　肉仔鸡一般 7 周龄即可出售，第一批鸡出售后，鸡舍清扫、消毒后，接着可饲养第二批鸡。每栋鸡舍一年可饲养 4～5 批。

（3）耗料少，饲料报酬高　一只 2.5 千克左右的肉仔鸡消耗饲料 4.5～5 千克，料重比可达（1.8～2）：1。

（4）饲养密度大，房舍利用率高　与蛋鸡比较，肉鸡不爱活动，尤其是育肥后期，体重大，活动更少，大约 70% 的时间都是卧地休息。普通鸡场每平方米面积可饲养 8～10 只，标准化饲养场由于各项技术先进、配套，舍内环境条件好，每平方米饲养的鸡高达 20 只以上。

（5）敏感性强　肉仔鸡对饲料中各种养分的缺乏与过量及有毒药物的反应都很敏感，很快会出现反应及病理变化，所以在给雏鸡配制日粮及投放药物时要特别注意。

56 进鸡前应做好哪些准备工作？

首先根据个人经济条件和市场行情确定雏鸡数量，然后进行房舍和设备的维修，雏鸡舍应保温、通风良好，不漏雨，不潮湿，室内光线充足。舍内的保温、照明、饮水和饲养设备等都要备足。进雏前应彻底清扫消毒，堵塞门窗缝隙和鼠洞，特别要注意防止贼风吹入。备足燃料，铺好垫料。最后试温与预温，在进雏前 2 天应做好育雏舍的调温、试温工作。无论采用何种方式取暖，在育雏前必须进行检查，做到有效安全。预温前将育雏间用围栏分出若干育雏小区，摆放好饲养用具和物品。进雏前 1 天进行预温，通过预温使舍内温度达到适宜的接雏温度，一般在 33～34℃，并在雏鸡进舍前几小时准备好凉开水使其达到室温，备用。

57 购买鸡苗时应注意哪些问题？

选择好的种苗是提高效益的关键，有的养鸡户引进鸡苗时，只图便宜，不求质量，常带来鸡苗存活率低、生长慢、饲料转化率低等不良后果。所以要选择优良的鸡苗，一要规范引种渠道，选择正规厂家生产的鸡苗；二要充分了解孵化场种蛋来源，防止引进病雏；三要避免长途运输，防止脱水。

58 怎样挑选雏鸡？

雏鸡质量的好坏，直接关系该批鸡的经济效益。健康雏鸡应外表羽毛清洁、有光泽、干燥，鸡群整齐度好，体重符合品种要求，活泼，叫声响亮清脆，眼大而有神，脐部没有血痕，愈合良好，站立稳健，反应灵活，泄殖腔周围干净，没有稀便黏着、糊肛现象，将整个雏鸡握在手中有弹性和较强的挣扎力，腹部吸收良好，肚腹大小适中，喙、眼、腿、爪无畸形。搬动运雏箱时反应活泼，无趴着不动的鸡。

59 运输雏鸡应注意什么？

雏鸡应在毛干后运送，越早越好，最好能在 48 小时内到达目的地，以便及时饮水和开食。运输雏鸡最好用专门的运雏箱，四边有直径 2 厘米的通气孔，箱内分格，既能保暖又可透气。要注意每箱雏鸡数量，标准的运雏箱春、秋、冬季可装 102 只，夏季装 82

只。运雏工具应经严格消毒后才能使用。要注意运雏的季节,早春运雏应选择在中午,并携带保温物品;夏季运雏应选择在早晨或傍晚天气凉爽的时候,并注意防雨。在运雏路途中,要时刻观察雏鸡情况,避免雏鸡热死、闷死、挤死、压死、冻死等情况的发生。没有特殊情况,中途不要停留。

60 什么是高温育雏?怎样掌握育雏温度?

(1)高温育雏是一种新的给温技术,主要是在前十几天内采用高温育雏,即比常规育雏温度高1~2℃,达到35~36℃。实践证明,高温育雏能减少鸡白痢病死率80%以上,对雏鸡卵黄囊的吸收有明显的促进作用,明显地提高雏鸡成活率。在高温的前提下,可以打开门窗,让空气充分流动,排出育雏室内的有害气体而育雏室内温度仍能满足雏鸡生理需要。在采用高温育雏时应注意:雏鸡入舍前,舍内温度不要太高,以免温差太大,雏鸡适应不了,应逐渐升温至35℃;高温是指前十几天,不要长期高温,否则雏鸡生长缓慢,喙、爪及羽毛干燥,缺乏光泽,浪费能源;舍内还要保持一定的湿度。

(2)根据气候变化、雏鸡体质强弱等温度相应改变,冬季或体弱的温度高些,可升高1~2℃,温度要求均匀、恒定、不能忽高忽低。温度适宜,鸡群分散均匀,安静休息或来回跑动,羽毛光顺;温度过低,雏鸡闭眼尖叫,扎堆,挤向火源或光照强的地方,影响脐带愈合及卵黄吸收,甚至死亡;温度过高,雏鸡远离热源,翅膀展开,张嘴喘气,不爱吃食,饮水增加,排水便,易诱发呼吸道病和脱水症。

表8-1　肉鸡各周龄对温度的要求

周龄	1	2	3	4	5	6
温度(℃)	35~36	32~34	30~32	24~27	21~24	18~21

61 育雏舍内太干燥怎么办?

肉鸡对湿度的要求,第1周以65%~70%为宜,其中入舍第

1～2天应保持在70％，第2～8周以50％～65％为宜。育雏前期由于舍内温度较高、干燥，需向地面勤洒水，用火炉取温的鸡舍，可在火炉上放置敞口器皿，盛放水或消毒水，一方面蒸发，保证湿度，另一方面起到空气消毒作用。适宜的相对湿度对雏鸡发育有利，不仅能促进卵黄吸收，而且还能有效地控制雏鸡饮水量，防止雏鸡脱水。增加湿度的方法还有带鸡喷雾，视育雏室的干燥情况，每日喷雾2～3次。

62 怎样进行光照对肉鸡好？

进雏后第1～3天实行24小时照明，其他时间为23小时光照、1小时黑暗，这1小时黑暗是让鸡群习惯，一旦停电，不至于引起鸡群骚乱。

光照强度以弱光为主，采用弱光制度是肉用仔鸡饲养管理的一大特点，强光照射会刺激鸡的兴奋性，鸡活动量增加，消耗过多，使鸡不宁，甚至发生争斗，影响增重。而弱光照可降低鸡的兴奋性，使鸡经常保持安静的状态，这对鸡增重是很有益的。

63 饲养肉鸡多大密度合适？

合适的密度能使肉鸡充分发挥生产潜能，减少疾病发生，提高经济效益。饲养密度对雏鸡的生产发育有着直接影响，密度过大，舍内空气容易污染，卫生环境不好，吃食拥挤，抢水抢料，饥饱不均，造成雏鸡生产发育缓慢，发育不整齐，易感染疾病和发生啄癖，使死亡率增加；密度过小，虽然鸡的生长发育较好，但不易保温，造成人力、物力浪费，使饲养成本增高。因此，要根据鸡舍的结构、通风条件、季节等具体情况确定合理的饲养密度（表8-2）。

表8-2　肉用仔鸡饲养密度（只/米²）

体重 （千克/只）	厚垫料群养	竹竿网养	塑料网养	爱拔益加 （推荐）
1.4	14	17	16	18
1.8	11	14	15	14

（续）

体重 （千克/只）	厚垫料群养	竹竿网养	塑料网养	爱拔益加 （推荐）
2.3	9	10.5	14	11
2.7	7.5	9	12	9
3.2	6.3	5	8	9

64 雏鸡怎样初饮？水中应添加什么？

1日龄雏鸡第一次饮水称为初饮，肉仔鸡的初饮一般在出壳后12～24小时，最长不超过36小时，初饮对肉仔鸡很重要，这是因为出雏后会大量消耗体内的水分。饮水器要充足，防止雏鸡因抢水造成挤压致死。

初饮时可在水中添加5%～8%的葡萄糖，也可添加多种维生素或电解多维。

65 雏鸡怎样开食？怎样饲喂？

雏鸡的第一次吃食称为开食，开食时间一般在出壳后24～36小时进行，这时已有60%～70%的雏鸡有啄食表现。可以用食盘、浅边食槽、硬纸片或塑料布平铺在鸡架或鸡笼内，在其上撒上饲料，雏鸡就会去吃。

雏鸡开食后就进入正式饲喂阶段，喂料时应少喂勤添，第1周把料拌潮湿、松散为宜。一般每2小时添一次料，以后每天填料不得少于6次，勤添料可以刺激鸡的食欲，减少饲料浪费，料槽或料桶内的饲料不应多于容量的1/3，1周后可以自由采食。

66 寒冷的冬季怎样通风换气？

鸡舍内空气质量的优劣与鸡群的生长速度和健康状况密切相关，尤其是寒冷的冬季，鸡群呼吸和取暖炉具都要消耗大量氧气，产生大量二氧化碳气体。而粪便则产生大量氨气和硫化氢气体，致使鸡舍内空气污浊不堪，容易引起鸡慢性呼吸道病、大肠杆菌病、腹水症等环境性疾病。过度通风不利于保温，如何解决通风和保温的矛盾是养好肉鸡的一个关键环节。做好此项工作，应在晴朗温暖的中午适当地通风换气；或升高舍内温度后通风换气，在鸡舍内用过氧乙酸消毒，因为它不仅可以消毒，还有中和氨气的作用；还可以在饲料中加入一些微生态制剂，以减少粪便产生的氨臭味。

67 **什么是"全进全出制"？有什么好处？**

"全进全出制"是指同一栋鸡舍在同一时间内只饲养同一日龄的鸡，又在同一天全部出场。"全进全出制"的好处：这种饲养制度简单易行，优点多。在饲养期内管理方便，易于控制适当的温度，便于机械作业。出场以后，便于彻底打扫、清洗、消毒。杜绝各种传染病的继代循环感染，并且具有增重快、耗料少、死亡率低的优点。

68 **为什么要公母分群饲养管理？**

随着公、母雏鉴别技术的普及和提高，自别雌雄商品杂交鸡的培育成功，近年来都普遍采用公、母雏分群的先进饲养制度，并且已成为肉用仔鸡管理上的重要措施。分群时每群 500～1 000 只，便于防疫。公母分群饲养理由如下。

（1）公、母雏生长速度不同　公雏生长速度快，母雏生长速度较慢，如果公、母雏混群饲养，在 7～8 周龄时，公雏体重比同龄母雏体重高 20%～27%。公雏不但生长速度快，对营养要求与母雏也不同，公雏需要较高的蛋白质、磷、钙和维生素，如果混群饲养，按公雏营养需要配制配合日粮，能满足公雏的营养需要，而母雏却不能有效利用高蛋白质饲料，将多余的蛋白质在体内转化为能量，沉积脂肪。所以公、母雏分群饲养才能有效地利用饲料，降低饲料成本。

（2）公、母雏沉积脂肪能力不同　母雏生长速度较公雏慢，但沉积脂肪较快，公、母雏混群饲养到 7～8 周龄时，母雏平均腹脂为 10.8%，而公雏仅为 3%。由于公、母雏脂肪沉积能力不同，对配合日粮营养需要也不尽相同，以分群饲养为佳。

（3）公、母雏羽毛生长速度不同　公雏长羽慢，母雏长羽快，保温性能相对较高，因此，公、母雏对环境条件的要求和管理要求应有所不同。

（4）公、母雏胸囊肿发病率不同　一般公雏较易发生胸囊肿病，在管理上公雏需要松、软较厚的垫料，以减少胸囊肿的发生。当公、母雏混群饲养采用较厚的塑料时，使饲养成本增加。

（5）公、母雏性情和争食能力不同　公雏好斗架，争食能力强，而母雏性情较温驯，争食能力差。公、母雏混合饲养时，通常喂料时，当公雏饱食后，才能让部分弱小的母雏开始采食。公、母雏混群饲养到 6～8 周龄，体重相差约 0.5 千克。如果分群饲养，公、母雏体重相差仅 0.125～0.25 千克。

公雏与母雏实行分群饲养，平均增重快，个体之间体重相差小，鸡群生长较均匀；耗料比较少。

69　35 日龄以后的肉鸡采食量下降怎么办？

考虑一下是不是疫苗的应激反应、饲料质量、换料、呼吸道疾病、药物中毒、过热、密度过大、鸡舍环境恶劣等，影响到鸡的正常生理活动。在后期免疫时，疫苗剂量不要过大，一般 2～3 倍，免疫后 6 小时投药预防呼吸道疾病；选择质量好的饲料，换料应过渡，严禁突然换料；30 日龄后健肾，料中添加 2%大蒜或微生态制剂；适当控料，料桶应有清空时间，以增加饥饿感；加强管理，及时疏散鸡群，后期以通风为主，炎热季节添加防暑药物。

70　为什么要控料？怎样合理控料？

（1）减轻胃肠负担　饥饿时能让始终高负荷运转的消化道得以短暂的休整。

（2）促进消化功能　饥饿后使胃肠道的消化功能得以加强。

（3）注射、点眼滴鼻或刺种免疫时需要抓鸡，控料 2～3 个小时可以大大减少抓鸡产生的应激。

（4）病后保护胃肠功能　病后采食量增加太快时适当控料可以保护刚刚恢复的胃肠功能再次受损，这种情况在实际养殖过程中经常可以遇到。

控料原则：循序渐进，且根据实际情况而定。

控料方案：进鸡第1～7天，不控料，24小时光照。第1天，自由采食，第2天添料10次，第3天添料9次，依次减少添料次数，到第8天起恒定为每天加4次料，基本时间表为每天6点、11点、17点、21点加料。每次加料需要有0.5～1小时的空槽期，此方案经多年验证，严格执行此方案的养鸡场，均显著减少腺肌胃炎的发生。

71 能用蛋鸡笼养肉鸡吗？

能，但最好是饲养优质肉鸡，如鲁禽1号、鲁禽3号、麻鸡等，前期每笼6～8只，后期每笼3～4只。注意上笼不要过早，否则鸡能从网中钻出。

72 自然养猪法技术能用于肉鸡吗？怎样饲养管理？

能，最好是饲养优质肉鸡，因为优质肉鸡能自己翻动垫料。自然养猪法技术的核心就是发酵床，经过科技人员的研究试验，发酵床养鸡已经成功。我国是一个养鸡大国，在养鸡业取得巨大成绩的同时，环境污染问题也越来越严重。发酵床养鸡可以利用丰富的秸秆、木屑和谷壳粉资源，变废为宝，又达到了将鸡粪转变为优质有机肥、减少空气氨味污染的目的。同时，简单的大棚发酵床养鸡，可以随地而建，少占用耕地，起到了保护耕地的目的等。另外，该技术可提高鸡肉品质，减少药物残留，大幅减少疾病的发生。发酵床养鸡相对于发酵床养猪，不同点在于：

（1）发酵床养鸡利用动物自身特点的地方更多，如鸡会用嘴啄食，又会用脚刨食，节约人力。

（2）鸡发酵床的垫料选择和配方更为粗放一些，且简单得多，这是因为猪的发酵床垫料中需要人工添加适当的营养物质（如玉米粉等），而鸡发酵床中可以不用添加额外的营养物质，完全使用惰性垫料即可，原因在于鸡的粪便中含剩余营养更多，并含有大量未消化吸收的饲料成分，因此利用鸡粪本身的营养，就可以保证垫料中微生物的发酵需要。

（3）由于鸡粪营养物质多于猪粪，需要较大的发酵力度，所以，垫料中添加菌种的频率或数量相对要多一些，如每平方米面积、40厘米厚度至少要5～8千克保健液。

（4）由于单位面积鸡粪的排放量少于猪粪排放量，所以，鸡发酵床的厚度要小得多，但为了保险，至少要30厘米厚，北方最好在40厘米以上（鸡的垫料厚度至少为30厘米，猪发酵床则至少为60厘米）。

（5）发酵床养鸡舍的建设远比发酵床养猪舍的建设简单得多，投资也少得多。

选择高燥的地势，挖深30厘米（地下式发酵床）或堆高30～40厘米（地上式发酵床），或只挖15～20厘米泥土，地上做20厘米挡土墙（即半地上式发酵床），并在上面建设非常简单的塑料大棚，即可成为发酵床养鸡舍。在发酵床养鸡舍内，只要保持有益微生物的优势，是很容易形成一个良性的微生态平衡的，整个鸡舍处于一个有益菌占绝对优势的环境中，清爽，几乎没有异味，有益菌已深入环境中每一个角落，显著增强了鸡只的非特异性免疫力，减少了用药量，从而靠自身的免疫力和环境微生物的帮助，达到了抵御疾病的目的。

发酵床养鸡，养殖密度比传统养鸡略小一些。建议：1～7日龄33只，8～14日龄25只，15～21日龄22只，22～28日龄16只，29～35日龄14只，36～42日龄10只，43～49日龄9只，50～56日龄8只。另外，冬季可适当提高肉鸡饲养密度，利于棚内温度的提高。平时注意观察垫料数量情况、垫料表面湿度情况和垫料微生态平衡情况。

73 能用蔬菜大棚养肉鸡吗?

能。用前做好养殖前期准备。将大棚进行一次全面的检查维修,确保不透风、不漏雨。棚顶准备双层草帘,用于保温和炎热夏季防止日光直射。将大棚内收获后的蔬菜秸秆全部清理出去,敞开塑料棚,让棚内的农药排除,整平夯实,铺上3～5厘米厚的垫草。用竹竿和塑料薄膜在棚一角间隔成几个育雏小间,棚底铺上5厘米厚的锯末,用于前期育雏。在棚体北侧,用尼龙网间隔出一个0.8～1米宽的走廊,便于饲养管理。将整个饲养大棚分割成若干小区,每个小区80～100米²,将适量的吊挂式料桶和饮水器预先放置均匀。将料桶、饮水器等饲养用具用消毒液洗刷干净,再用清水洗净。进鸡前10天,将大棚封闭熏蒸消毒,前3天再用高效消毒液进行严格喷雾消毒,为接雏做好充分准备。

(1)加强饲养管理 做好保温通风。充分利用好冬暖式塑料大棚的保温性能。前期温度较低,应利用8:00—17:00阳光充足的时间,揭开草帘提高棚温,其余时间盖双层草帘保温,使棚内温度保持在25℃以上。夏季可将棚体南侧的塑料薄膜卷起,换成尼龙网,并将北墙的透气孔也打开,形成空气对流,起到通风降温的效果。

(2)湿度 育雏小间内的相对湿度应保持在60%～70%,湿度过大或过小都会影响雏鸡的生长发育。在肉鸡中后期饲养过程中,应保持垫料的干燥。

(3)光照 从进雏到第7天,采用24小时光照。自第8天开始,全部采用自然光照,夜间不开灯,保证鸡有充足的休息时间。

(4)严格疫病防控 根据本地疫病流行情况和孵化场提供的免疫程序,选用正规厂家生产的疫苗,按要求及时足量进行免疫接种。肉鸡地面平养,经常接触垫料,容易患球虫病。因此,应选用几种高效抗球虫药,定期交替添加,用来预防球虫病。选择2～3种消毒药品,交替使用,定期带鸡消毒。

74 **肉鸡中暑怎么办?**

肉鸡中暑时应降低饲养密度,标准化鸡舍建议每平方米饲养8只,大棚每平方米饲养6只。加大通风量,提高风速,现行标准化鸡舍夏季采取纵向通风,要求封闭两侧小进风口,打开大进风口,风速达到每秒2米,肉鸡体感温度可降低6℃;风速达到2.5米/秒,肉鸡体感温度可降低8℃。对于简易棚舍,可安装小风机进行通风。使用抗热应激药物,在饲料中添加维生素C,100千克料中加10～15克,在饮水中按0.1%的比例加小苏打,同时降低饮水温度,饮用深井水(水温8～10℃),勤换水,保证充足的饮水。对于已中暑鸡只,可将其浸于凉水中,或凉水浸后用电风扇吹风,靠水的蒸发带走热量,降低体感温度。地面平养肉鸡,要勤换垫料,降低环境湿度。大群中暑后全群用凉水冲,直到鸡全身湿透。

75 **鸡舍突然停电怎么办?**

鸡舍突然停电后应立即点上蜡烛或打开应急灯,防止鸡群应激。

采用24小时光照方法饲养肉鸡的,突然停电容易造成鸡群应激,出现鸡群扎堆死亡现象。为了确保生产的稳定,避免事故发生,可采取对鸡群定时停电训练的方法加强鸡群对应激的适应能力。

从鸡群约12日龄时开始定时停电训练,停电时间为入夜后1小时,即天黑后先开灯,亮灯1小时后停电,观察鸡群情况。一般前几天训练时,鸡群会出现骚动,若鸡群骚动,可立刻开灯,待鸡群平静下来再关灯,重复3～4次。开始停电训练前1天可使用泰乐菌素＋多维饮水4小时,连用3天,以减少鸡群的应激及预防呼吸道疾病的发生。经过约1周的训练,把停电的时间控制在1～2小时。辅助措施:细分鸡群,把大鸡群(几千到几万)分成每栏1 000～2 000只,这样鸡群就不容易出现扎堆死亡。

76 **冬天天气冷,如何减轻棚里的氨气味?**

冬季为了保暖,鸡舍往往是密闭的,这必然会使鸡舍内的空气质量受到影响，鸡舍内主要有害气体氨气的浓度会逐渐积累，引发鸡的各种呼吸道疾病，为了清除氨气，可以适当采取以下措施。

（1）检查饮水设备　特别是乳头式饮水器，有没有漏水现象，粪便越干，氨味越小。

（2）及时清除鸡舍内的粪便和垫料　特别是肉鸡平养更应注意粪便清除和垫料的及时更换。清除后地面上铺一层干土。

（3）在做好舍内保温的同时要重视排污除湿　定期打开风扇，加大换气量，以保持室内空气新鲜。当人入舍感到有浓重的氨气味刺鼻、刺眼时，即超出了规定标准，应马上通风换气。

（4）带鸡喷雾过氧乙酸　过氧乙酸是醋酸和双氧水合成的强氧化剂，喷洒后很快分解为醋酸、水和氧气。醋酸与氨生成醋酸铵，氧能杀灭细菌和病毒，却对鸡无害。操作方法是将市售20%过氧乙酸稀释成0.3%浓度，每立方米空间喷雾30毫升，每周1～2次，在鸡群发病期间，可早晚各喷雾一次。

（5）醋酸熏蒸法　每间鸡舍用0.5千克食醋，盛于砂锅中，在鸡舍内煮沸、蒸发，每次10分钟。此法不仅能排除鸡舍的氨气，同时还能降低其他有毒气体的浓度。

（6）其他措施　适当降低饲料蛋白质水平。添加益生素产品对改善鸡舍空气质量有非常明显的效果，也可在饲料中添加1%～2%沸石粉。

77 有什么好办法提高雏鸡早期成活率？

肉仔鸡相对生长发育较快，对营养要求高，幼雏期间体温调节机能不完善，对疾病的抵抗能力弱，稍有疏忽，就会发生各种疾病而死亡。雏鸡死亡的原因是多方面的，但只要加强责任心，严格各项操作规程，搞好育雏的环境条件，供给营养全面而平衡的饲料，严格防疫，加强疾病防治的措施，就可以减少雏鸡死亡数，提高育雏的成活率。

（1）严格按免疫程序及时接种免疫　大群密闭饲养的雏鸡，稍不注意就容易得病，尤其是禽流感、鸡新城疫、鸡传染性法氏囊病、传染性支气管炎等疾病。这些传染病一旦传染开来，就很难控制，将会导致整个鸡群及鸡场的毁灭性损失。因此，应本着预防为主的方针，严格按免疫程序进行免疫。免疫程序的制订，要根据本场或本区病原微生物种类不同而异。在引进鸡苗时，须向供种单位索要有效的免疫程序，如当地没有某种传染病流行，应暂不接种此种疫苗，以免因接种疫苗而污染了这个地区，只有发生过这种疾病，才能使用疫苗进行预防接种。

（2）适时开饮，防止脱水　往往容易因运输时间过久，或是接种疫苗等准备工作，使雏鸡开饮时间推迟太久；或是喂水时雏鸡不会饮水，或饮水器孔堵塞，或饮水器太少，致使饮水不及时，鸡体失水过度引起脱水。雏鸡脱水表现为体重减轻、脚爪干瘪、抽搐，最后衰竭、瘫痪而死亡。刚出壳的雏鸡第一件事就是在 24 小时内饮水，使它在并不感到口渴时开始饮水，促使其新陈代谢，就不会发生狂饮泻死和脱水瘫痪的现象。外运雏鸡应在入舍 3 小时内饮 5％的葡萄糖水和电解多维，以增强体质，缓解应激，促进体内有害物质的排出。

（3）防止中毒死亡　用药物治疗和预防疾病时，计算用药量一定要准确无误，剂量过大会造成中毒。在饲料中添加药物时必须搅拌均匀，应先用少量粉料拌匀，再按规定比例逐步扩大到要求含量。不溶于水的药物不能用饮水给药，以免药物沉淀在饮水器的底部，造成一些雏鸡摄入量过大。切忌把饲料和农药放在一起而造成农药中毒；绝对不能使用发霉变质的饲料喂雏鸡；搞好室内通风换气，谨防煤气中毒。

（4）防止聚堆挤压而死　在雏鸡阶段，聚堆挤压而死时有发生，主要是由于：密度过大，而室温突然降低；搬运时倾斜堆压，称重或接种疫苗时聚堆而没有及时疏散；断水、断料时间太长，特别是断水后再喂时发生的拥挤；突然停电或窜入鼠害等因素引起惊吓、骚动而聚堆。所以，要按鸡舍的面积定饲养量，而且要备足食槽和饮水器。在雏鸡阶段要进行 23 小时光照、1 小时黑暗的训练，使其能适应黑暗环境。

（5）加强管理，预防各种恶癖的发生　严重的恶癖多发生在 3 周龄以后，常见的有啄肛癖、啄趾癖、啄羽癖。预防的主要措施是在5～9日龄时断啄。平时应加强管理，饲养密度不能过大；配合饲料中各种营养含量要合理，不能缺少无机盐和必需的氨基酸；光照强度不能过强，时间不能太长。

（6）及时进行药物预防　沙门氏菌病是造成 817 雏鸡死亡的首要因素，球虫病也是育雏期间造成死亡的主要原因之一。根据两病症的流行病学，在 3 周龄以前的饲料中应添加抗菌药物。15 日龄后就应该预防球虫病，尤其在饲养密度大、温暖潮湿的环境中，必须用药物预防，可在饲料中添加地克珠利等药物。

（7）防止温湿度急骤变化和通气不良　若育雏时保温不好，温度偏低，则雏鸡较长时间内难以维持体温平衡，严重者可冻死。若室内温度过高，偶尔打开门窗通风换气，也容易发生感冒。室内空气污浊，通风换气不够；温度忽高忽低，急剧变化；使用潮湿、污染的垫料和霉变的饲料；有的强调保温，空气不流通，导致鸡只被闷死；温度过高、湿度不够可导致雏鸡脱水，脚爪干瘪。这都是由于没有调节好育雏室内的温度、湿度和空气的缘故，造成育雏环境恶劣，给雏鸡带来生长迟滞、死亡的后果。以上几个因素中，温度最为重要，育雏期所采用的温度，随季节、气候、育雏器种类、雏鸡体质、日龄等情况灵活掌握，在保持育雏舍温度的同时，千万不要忽略通风换气，但切忌贼风和穿堂风，不要让风直接吹到雏鸡身上。湿度与雏鸡的生长发育关系很大，头 10 天，室内相对湿度保持 60％～65％，中后期注意防潮。

（8）供给全价平衡饲料，预防营养性疾病　饲料品种单一，某些营养成分缺乏或不足，容易引起各种营养缺乏症。如维生素 D 缺乏，则容易引起发育不良，喙和骨软弱且易弯曲，脚腿软弱无力或变形；硒和维生素 E 缺乏时，患白肌病，因此应选用品牌口碑好的饲料。

（9）严格消毒，预防脐部感染　孵化室、育雏室、种蛋及各种用具消毒不严，使大肠杆菌、葡萄球菌等通过闭合不好的脐孔侵入卵黄囊感染发炎引起脐炎，因此应用福尔马林熏蒸的办法对孵化室、育雏室、种蛋及各种用具进行消毒。另外，对大肚脐鸡要单独隔开，用高于正常鸡体温 2～3℃ 的室温精心护理，且在饲料中添加治疗量的抗菌药物，通过加强饲养管理来降低此病的病死率。

（10）防止兽害　雏鸡最大的兽害是老鼠，所以应该在育雏前统一灭鼠；进出育雏室应随手关好门窗，门最好用弹簧拦好，自动关闭；堵塞室内所有洞口。冬季防止麻雀等鸟类进入。

78 如何降低肉鸡饲养后期的死亡率？

商品肉鸡饲养后期死亡对于养殖业的危害极大，也是所有养殖户最不愿意看到的，良好的饲养管理、合理的免疫程序和科学的药物预防是防止肉鸡饲养后期死亡的有效解决办法。

（1）加强饲养管理，为肉鸡创造良好的"小气候"　采用网上平养的饲养方式，减少鸡只与粪便直接接触的机会，有效控制球虫病、大肠杆菌病。加强商品肉鸡饲养后期的通风换气，减少舍内尘埃、二氧化碳、氨气、硫化氢等有害气体污染，降低舍内湿度，保持空气新鲜，减少支原体、腹水发病率。及时更换垫料，保持垫料松软、干燥、清洁。带鸡消毒不但能杀灭空气中的病原微生物，减少粉尘，净化空气，预防呼吸道疾病，还能调节舍内干湿度，特别是炎热季节效果更加明显。

（2）制订科学的免疫程序，确保免疫效果　每个鸡场都要根据不同传染病的威胁程度、饲养管理水平、疫病控制能力及母源抗体水平的高低，制订符合本场实际的、科学的免疫程序，确定使用疫苗的种类、方法、免疫时间和次数，严格操作规程，以确保免疫效果。受新城疫威胁较大的鸡场，可采取同时使用弱毒苗和灭活苗进行免疫的方法；鸡传染性法氏囊病的发生可使免疫功能下降，因此鸡传染性法氏囊病的早期免疫应避免使用毒力过强的疫苗，以免损伤鸡法氏囊而导致免疫功能下降，可根据不同地区、不同母源抗体水平，安排弱毒疫苗进行 1 次或 2 次强化免疫；在发生过传染性支气管炎特别是肾型传染性支气管的鸡场中，应结合新城疫、传染性法氏囊病的免疫，并安排传染性支气管的免疫计划。同时要加强鸡群饲养管理，提高鸡只抗病能力。

（3）药物预防　饲养前期大量使用药物的鸡群，往往肠道菌群平衡受到破坏和抑制，如不及时进行调整，很有可能在育肥初期就会继发大肠杆菌病和球虫病等，继而再重复投药，使肠道内菌群紊乱。如果有这种情况发生，可以使用微生态制剂调节肠道菌群，连用5～7天。为减少在防疫、转群、换料前后造成的应激，可适当投喂抗菌药物。3周龄后，为减少尿酸盐的沉积，可适当投喂肾肿解毒药等。

79 使用微生态制剂应注意什么？

微生态制剂可以提高畜禽的生产性能和饲料转化率，改善畜禽舍环境，减少环境污染，提高免疫力，降低死亡率。

微生态制剂使用注意事项：

（1）菌种的选择　动物消化道中的微生物具有多样性和特异性，不同动物种类对菌种的要求也不同，同一菌株用于不同的动物，往往产生的效果差异较大。使用时一定要了解菌种的性能和作用，选用合适的菌种，适于单胃动物的益生素所用菌株一般为乳酸菌、芽孢杆菌、酵母等。

（2）应用时间与对象　动物的年龄、性别、种类也影响微生态制剂的使用效果，应用时间要早，新生畜禽使用更佳，长时间连续饲喂效果更好。将其作为一种生态调节剂用于病后的康复期，纠正菌群失调、治疗消化不良等更为实际。

（3）剂量与浓度　有效的活菌数是影响使用效果的关键因素之一，产品中必须含有相当数量的活菌数才能达到较好效果，但添加过量有时会适得其反，造成饲料成本上升，不同畜禽使用时应严格按照使用说明添加。

（4）注意保存条件和保存时间　微生态产品随着保存时间的延长，活菌数量不断减少，其失活速度因菌种和保存条件而异，在打开包装后应及时用完。

（5）与抗生素和抗球虫药物的配伍　由于益生菌制剂是活菌，抗生素和化学合成的抗菌剂对其有杀灭作用，一般应禁止与其敏感的抗生素药物同时使用。

80 添加维生素越多，鸡长得越快吗？

维生素是鸡维持正常生理活动不可缺少的一类有机化合物，虽然它不提供能量，鸡对维生素的需要量也不是很大，但作用却极为重要，缺少维生素直接影响肉鸡的生长发育及存活。正常配制的饲料中维生素都能满足鸡的需求，只有在鸡群受到应激后，可以考虑倍量添加。但维生素绝不是越多越好，因为增大添加量后，容易发生维生素中毒，特别是脂溶性的维生素 A、维生素 D、维生素 E、维生素 K，它们代谢速度慢，体内储存过多易发生中毒；另外，维生素价格较高，添加多了也是一种浪费，增加了成本，减少了收益，所以维生素不是添加越多越好。另外，电解多维也不是长期添加好，时间过长容易造成杂菌繁殖，堵塞乳头饮水器，造成鸡群腹泻，应在应激、发病时用。

81 "817" 杂交鸡的饲养周期是多少？一般多少天出栏？

一般是 45～49 日龄出栏，平均活体重在 1.25～1.3 千克，料肉比 2：1。具体出栏时间根据当地饮食消费习惯、市场行情和鸡群健康情况而定。

82 肉鸡舍降温有哪些措施？

夏季肉鸡生产，除采取调整日粮结构，改变饲喂方法，改善鸡舍卫生，加强疫病防控等综合管理措施外，降低鸡舍温度是肉鸡养殖的基础和关键。

良好的肉鸡舍降温技术措施可以为肉鸡提供舒适的生长环境，增加肉鸡采食量，提高饲料报酬，加快肉鸡生长；还可以增强肉鸡抵抗力，减少疫病发生，降低养殖损失。

（1）机械通风降温　条件好的可以应用湿帘纵向通风，在进风口处设置水帘，使外界热空气经过冷却之后再进入鸡舍；水帘的下端不得低于鸡床的高度，宽度可比鸡舍宽度窄些。鸡舍的另一端装有排气扇。白天，气温升高前，关闭鸡舍门窗；晚上，气温下降后，开启所有门窗，让鸡舍内、外空气交换，改善舍内空气质量；条件差的鸡舍内应装有吊扇，用电扇使空气流动从而降温。

（2）遮阳降温　一是在建设鸡舍时，每栋鸡舍两侧各栽植两行杨树，树距鸡舍1.5米左右，行距3米，杨树成林后，繁茂的杨树遮住照射鸡舍阳光，降低鸡舍温度3～8℃，还可改善鸡舍周围小环境；二是栽植爬山虎、南瓜、丝瓜等植物，让这些植物爬满舍顶，一般可降低鸡舍温度2～3℃。三是用遮阳网遮阳降温，遮阳网必须高于鸡舍屋面50厘米以上，用毛竹、树棒支撑、固定遮阳网，防止风刮、雨淋损坏遮阳网和产生噪声，影响肉鸡生长。

（3）水带降温　将抗旱用塑料水带平摊在肉鸡床上，按鸡舍长轴方向摊S形，水带之间的距离根据鸡床宽度和肉鸡密度确定，一般两条水带之间的距离应在70厘米以上，鸡舍的气温超过肉鸡生长温度时，开始向水带内充地下水。气温越高，水带内水量保持越多，带内地下水流动越快。舍内温度较高时，肉鸡贴近水带，可以节约费用。一般可降低舍温10℃左右，还可保持舍内干燥。

（4）房顶或棚顶涂白　浅颜色可反射热量。

（5）直接喷水　当外界气温超过40℃，鸡出现中暑症状时，可直接用凉水往鸡身上、地面上喷，喷透为止。也可在有太阳时直接向棚顶喷水，造成人工降雨。

（6）添加药物　每100千克饲料添加10～20克维生素C或0.2%～0.5%的小苏打等，可以提高鸡的抗热应激能力。

（7）给予肉鸡清凉的饮水　深井水是肉鸡很好的"清凉饮料"，能有效地降低炎热造成的应激。肉鸡21日龄以后，有条件的地方可用自流式水槽供水，由小型水泵持续供水，也可用乳头式饮水器供水，可让水管的末端保持长流水状态，以便使供水箱中的水及时流出，保持低水温。如果用传统的真空式饮水器，可增加换水次数，加入饮水器的水应是刚刚抽出的深井水。

（8）注意天气预报　在气温特别高的日子里，为减少大体重肉鸡的死亡，从上午6：00开始停料，只供清凉饮水。这样可以减少肉鸡在高温时的体热产生，降低死亡率。

83 怎样正确配备和使用湿帘？

遇到高温高湿的天气，即使使用了湿帘，温度还是居高不下，或者降温效果不理想，甚至造成鸡群冷应激，那养鸡户应该怎样正确配备和使用湿帘呢？

要正确使用湿帘，先要了解下湿帘降温的制冷原理。湿帘降温主要是利用水的蒸发作用，水从液体变成气体会吸收大量的热量，水蒸发吸收的热量使空气温度下降。湿帘式降温系统与负压风机的综合运用正是利用了水蒸发吸热而使空气冷却的热学原理，充分展示了水蒸发吸热原理的三个要素。

影响水蒸发的三个要素是：

（1）水与空气接触的表面积　大家观察湿帘纸的设计，会发现湿帘纸的表面积很大，呈蜂窝状，这种设计就是充分利用水和空气的表面积越大，蒸发制冷效果越理想这一原理。

（2）经过水表面的空气的流通速度，也就是过帘风速　湿帘降温要达到理想的效果，最理想的过帘速度是2.03米/秒。要达到理想的过帘风速，一定要保证：湿帘开启面积和纵向风机开启的台数相匹配。如果湿帘洞口开启的面积不够，通过湿帘纸的风速太快，就会使水脱离湿帘纸的表面直接进入鸡舍，造成鸡舍湿度升高；如果湿帘洞口开启的面积过大，通过湿帘纸的风速太慢，蒸发速度就会减慢，温度下降效果不明显。

（3）水本身的温度　水的温度越高，蒸发制冷的效果越理想。

错误1. 水温越低，降温效果越明显。

水温升高，蒸发加剧，水带走的热量就增多，降温效果也就越明显。因此，常温水即可达到非常好的效果。

错误2. 湿帘越湿润，降温效果越明显。

在水泵与重力作用下，水从上往下流，在湿帘波纹状的纤维表面形成总面积相当于水帘外观面积10倍以上的褶皱型水膜，能够保证空气和水膜最大的接触面积，进而保证最好的降温效果。如果水帘过于湿润，甚至形成长流水，就会出现长流水堵塞水帘孔隙的情况，降低了水帘和空气的接触面积，进而导致降温效果降低。因此湿帘水泵配备时控开关，控制进入湿帘纸的水量，能控制水蒸发的总量，避免启用湿帘后，舍内温度变化太剧烈。

错误3. 湿帘和通风窗同时使用，温度更均匀稳定。

湿帘制冷效果理想必须有合适的过帘风速，也就是负压，如果开启通风小窗，负压达不到要求，水膜与空气相撞的效果就会下降，进而影响降温效果；另外开启小窗会降低舍内纵向风速，减少风冷效应，造成热应激。

错误4. 湿帘水泵的时控开关时间不合适。

湿帘水泵的时控开关时间根据舍内温度及时调整。开启时间太短，关闭时间太长，湿帘纸蒸发的水量太少，起不到降温效果；开启时间太长，关闭时间太短或者长流水，造成舍内温度下降太快或者湿度增加；注意刚开始启用湿帘的时候，一定要逐渐增加水泵注水量，避免温度下降太快，造成冷应激。

84 冬养肉鸡如何防止缺氧？

寒冷的冬天，日照短、气温低，饲养在保温鸡舍里的肉鸡代谢旺盛，呼吸氧气和排出二氧化碳多，肉鸡生长发育越快，对氧气的需要量就越多。特别是饲养在门窗紧闭的缺氧环境里，饲养密度过大，舍内二氧化碳过多，造成舍内新鲜空气不足而缺氧，导致诱发肉鸡腹水症和慢性呼吸系统疾病。预防措施如下。

（1）降低饲养密度　大群饲养，鸡群大、数量多，鸡在高密度饲养条件下，会使空气中氧气不足，二氧化碳含量增高。特别在高温育雏和鸡多、湿度大时，长期缺乏新鲜空气，会造成雏鸡衰弱多病，死亡率增加。在饲养密度高的鸡舍里，空气传播疾病的机会增多，特别含氨量高时，常会诱发呼吸道疾病。因此，要降低饲养密度。

（2）加强舍内通风　鸡舍内空气新鲜，鸡就爱长，发育良好。由于鸡的体温高，呼吸的气体数量多，所以需要氧气多。解决的办法是加强鸡舍内的通风，才能保证有足够的新鲜空气，鸡就活泼健壮，少生病。通风即等于充氧，一般 2～3 小时通风一次，每次20～30 分钟。通风前要提高舍温，并注意通风时风不直接吹鸡体，防止鸡伤风而发病。有天窗的鸡舍，可适当开启。

（3）注意保温方法　有些饲养场只强调保温，而忽视通风，把门窗紧闭，又不定时通风，造成鸡舍内严重缺氧。特别在用煤炉取暖时，火炉有时跑烟或倒烟，容易发生煤气中毒。即使正常取暖，也会和鸡争氧气，容易发生一氧化碳中毒，要特别注意。最好把炉灶砌在舍外，可有效避免有害气体的毒害和燃煤争氧。

85 肉种鸡饲养管理应注意什么？

（1）生物安全　饲养管理肉种鸡时首先注意鸡场的生物安全，高度密集饲养的区域特别容易遭受传染性疾病打击，这种高密度饲养可能是在一幢鸡舍、一个鸡场或一个地理区域内。当同一区域内同时饲养有蛋鸡、种鸡和肉鸡时，疾病问题将变得更加难以控制。一个种鸡场的生物安全措施必须包括大量的塑料靴、隔离服和消毒剂。

（2）干净的鸡舍　育雏舍必须消毒和空闲一段时间才能使用，一个彻底清洁和消毒的鸡舍是最好的，而且提高了保持种鸡群无病环境的可能性。

（3）正确称重　正确称重并不难，但必须严肃对待，以得到良好的样品和准确称重。每次称重应该在鸡舍 2～3 个不同区域内取样，以保证有真正的随机数据，抓到每一只鸡应单独称重。

（4）保持高的均匀度　定期称重、定期调群，及时调整喂料量，使体重均匀一致。

（5）控制好光照　适当的光照可以刺激性成熟。性成熟是随体重、光照和鸡舍设备共同作用的结果。

（6）种公鸡　在配种前公鸡应单独饲养管理，防止过肥。

（7）产蛋期　一旦鸡群开产、正常产蛋以及高峰期过去，应开始逐渐降低采食量，但是不要让鸡群体重减轻。如果鸡群不断缓慢增重，就会获得最好的生产性能。饲料量减少的幅度依赖于平均体重、鸡群均匀度、种鸡日粮中的能量和蛋白质含量，以及产蛋率。总之，连续降低采食量达 10％是最大的减食建议量，以避免生产性能的不正常下降。

（8）垫料管理　当垫料潮湿而结块时，自然要释放出更多的氨气。唯一有效的方法是除掉有害的结块垫料。潮湿、结块的垫料也会弄脏种蛋，污染孵化器并孵化出被污染的雏鸡，以及脐炎和其他潜在细菌感染的雏鸡。

（9）笼养管理　笼养时喂料应均匀，每日喂 2 次；初次人工授精时应投服 3 天阿莫西林等抗生素、维生素 C 或电解多维，防止应激。

86 新养殖户在 49 日龄出栏肉鸡饲养管理中应遵守什么规程？

养殖户对肉仔鸡进行精心管理的目的，是让其充分发挥遗传潜力，提高生产性能。衡量肉仔鸡生产性能有两个主要指标，一是体重，二是饲料效率，即以尽可能少的饲料换取尽可能大的增重。因此，除了营养全面的肉仔鸡饲料外，其他方面还必须注意：第一，采用全进全出的饲养制度，这是保证鸡群健康、切断传染来源的根本措施，也是肉仔鸡生产计划管理的重要组成部分，是现代肉鸡生产工艺中的成功经验。第二，确定出栏日龄，肉仔鸡的出栏日龄要考虑多种因素。第三，搞好环境控制。肉仔鸡生产水平的高低，首先取决于本身的遗传潜力，而这种潜力能否全部表现与肉仔鸡所处环境密切相关，因而肉仔鸡管理的基本要求就是创造一个有利于肉仔鸡健康快速生长的生活环境。新养殖户可以参考 49 日龄出栏规程：

雏鸡入舍以前，要充分做好接雏准备，鸡舍消毒，升温，用具清洗消毒，做好饲料、药物、疫苗、饮水的准备等，雏鸡入舍以后就要按规程进行饲养管理，才能收到预期的经济效益。

1 日龄： 进雏之前 2 小时在饮水器中装满 20℃ 左右的温开水，并加入 5% 的葡萄糖，将雏鸡按饲养密度要求放入育雏室，人员退出，让鸡休息 20～30 分钟。之后放入饮水器，让鸡开饮，可轻轻敲击饮水器诱导雏鸡饮水，对反应迟钝的雏鸡要人工辅助开饮，轻轻抓起雏鸡将喙按入水中或用滴管滴喂，一定要让所有雏鸡都喝上第一口水。在饮水后 2～3 小时开食，开食料可用肉仔鸡全价颗粒料，也可用小米或玉米糁，要细心观察采食情况，让鸡吃到八成饱即可。对弱雏可分栏饲喂或用奶粉、蛋黄各等份配成粥状，用注射器滴喂，可提高弱雏成活率。采用 24 小时光照，每平方米 2.7 瓦，离地高度 2 米，每 2 小时给料 1 次，少喂勤添。雏鸡活动处的温度 34℃，用干湿度计测定湿度。若饲养员嗓子发干，证明湿度偏低，可喷洒热水提高湿度。带鸡消毒 1 次，喷雾均匀，药物浓度要依照说明书配制。夜间要有值班人员，管好火，防止夜间温度降低，同时注意预防煤气中毒。

2 日龄： 每间隔 2 小时给料 1 次，准确控制给料量，料槽内污物随时清理，洗刷饮水器 2 次，1 周内让雏鸡饮用 20℃ 左右的温开水，观察雏鸡动态、采食、饮水情况及粪便色泽，以雏鸡活泼好动、分布均匀且不扎堆为好，注意温度、湿度、通风，24 小时光照。饲喂肉仔鸡 1 号料。

3 日龄： 每日喂料 10 次，随时捡出料盘中的粪便污物，准确称量投喂量。清洗饮水器。更换门口的消毒液，观察鸡群，做好各项记录。温度控制在 32℃ 左右，湿度在 65%～70%。带鸡消毒 1 次，消毒药物要用两种以上交替使用，以免产生抗药性。光照为 23 小时，夜间关灯 1 小时，在关灯前把饮水器取出，以防雏鸡首次在黑暗中惊恐乱撞，弄湿绒毛，用手电照明以检查无雏鸡集堆现象。

4 日龄： 每隔 3 小时喂料 1 次，清洗饮水器。换消毒液，预防煤气中毒，清理粪便，观察鸡群，挑出弱雏分栏饲养，病、死雏要及时处理。舍内温度控制在 32℃，湿度 65％，光照 23 小时，注意通风。

5 日龄：带鸡消毒，舍温调至 30～32℃，其余的管理措施基本与 4 日龄相同。

6 日龄：日喂料 8 次，撤走 1/3 料盘，换成中鸡料桶底盘，每 50 只鸡用 1 个料桶底盘。光照 23 小时，强度为 0.9 瓦/米^2。清理粪便，注意通风，观察鸡群。

7 日龄：饮多维电解水或水溶性维生素水，适当增加饮水器，增加料桶数量。用新城疫Ⅳ系疫苗或新城疫克隆疫苗点眼滴鼻，在操作前要先用 1 毫升水试验，记录所有滴管的滴数，并用标签贴在滴管上；稀释疫苗应按说明并参考滴管数进行，每只滴入 1 滴药液即可达到免疫剂量要求。可同时抽取 2％的雏鸡称量，多点取样，以有代表性。免疫称量最好在晚上进行。记录称量，计算均匀度，调整饲养密度为 35 只/米^2。记录疫苗生产厂家、批号等。

8 日龄：饮水同 7 日龄，为了增强免疫效果，从 8 日龄起改用井水或自来水。全部使用料桶，每 35 只鸡一个料桶，鸡舍温度逐步降至 27～29℃。观察鸡群，粪便、通风，光照，记录采食、饮水等情况。

9 日龄：料桶吊于舍顶，料桶底部与鸡背基本平齐，让鸡随意采食；撤走雏鸡饮水器，换为成鸡饮水器，每 40 只鸡一个饮水器。带鸡消毒。日常管理同以前。

10 日龄：鸡群采食、饮水量增大，排泄物增多，舍内气味每况愈下。因此，从 10 日龄起要特别注意清粪，保持环境卫生及通风换气。晚上关灯后听鸡呼吸情况，对弱小个体加强饲喂管理。

11 日龄：加强通风换气，处理好通风与保温的关系。保持舍内空气新鲜非常重要。

12 日龄：调整料桶高度，以后随鸡龄增加，要不断调整，让料桶底盘边缘与鸡背同高即可。

13 日龄：饮水中增加多种维生素，为传染性法氏囊病免疫做准备。准备传染性法氏囊病疫苗。

14 日龄：饮速补-14 或速补-18 至上午 11：00，撤出饮水器，用清水洗净待用，停水 2～3 小时（夏秋）或 3～4 小时（冬春），再按每只鸡 20 毫升水加鸡传染性法氏囊病弱毒疫苗让鸡饮用，使鸡在 2 小时内饮完，注意让所有的鸡都喝到加有疫苗的水。然后撤出饮水器，洗净，加多种维生素，恢复自由饮水。调整饲养密度，每平方米 30 只左右。晚上抽样称重，计算均匀度。

15 日龄：饮多种维生素水，调整鸡群，为弱小鸡创造好的条件，促进其快速生长。9～15 日龄舍内温度应逐步降至 24～26℃。

16 日龄：常规管理，带鸡消毒，加强通风，搞好卫生。

17～18 日龄：常规管理。

19 日龄：常规管理，准备 2 号料。

20 日龄：饲料应用 30％ 2 号料、70％ 1 号料的混合料，搅拌要均匀，观察采食情况。其他管理同以前。

21 日龄：饲料应用 70％ 2 号料、30％ 1 号料的混合料，搅拌均匀。21～42 日龄易发生鸡传染性法氏囊病，要仔细观察粪便，发现乳白色稀粪，立即请兽医诊治处理。晚上抽样称重，调整饲养密度，按每平方米 10～12 只安排。调整结束后带鸡消毒 1 次。

22 日龄：全部使用 2 号料，从 22 日龄开始舍内温度逐步降至 21～23℃，湿度控制在 55％～60％。

23～24 日龄：常规管理，观察鸡群，加强通风，保持环境卫生。

25 日龄：常规管理，饮水中加多种维生素，准备新城疫Ⅳ系苗或新城疫克隆疫苗。

26 日龄：饮多种维生素水至上午 11：00，撤出饮水器进行清洗，停水安排同 14 日龄，而后给鸡饮水，饮水中加入 2 倍量新城疫Ⅳ系疫苗或新城疫克隆苗，按每只鸡 45 毫升饮水供给。水中另加 0.3％脱脂奶粉。让鸡在 2 小时内饮完，务必使所有鸡都能饮到加疫苗的水，饮完疫苗水后洗净饮水器，继续饮用多种维生素水。按操作规程进行日常管理。

27 日龄：饮多种维生素水，以加强免疫效果。注意通风换气，观察粪便，晚上听鸡呼吸等。

28 日龄：加强通风，夏季温度过高，可用风扇或其他措施降温；冬季在保温的同时，注意通风换气，控制舍内氨气浓度在 20 毫升/米^{3}以下。晚上抽样称重，并与推荐体重标准对照，找出不足之处，采取补救措施，称重后带鸡消毒 1 次。

29～30 日龄：日常管理，注意通风，观察鸡群，注意腹水症病鸡。

31 日龄：饮多种维生素水，准备鸡传染性法氏囊病疫苗（如果当地养鸡密度低，鸡传染性法氏囊病不曾流行，可以不进行第二次免疫，则 31 日龄只做常规管理）。

32 日龄：饮多种维生素水至上午 11：00，撤出饮水器，洗净，停水 2～3 小时，按每只 50 毫升水加鸡传染性法氏囊病疫苗，2 小时内饮完，而后清洗饮水器，继续饮维生素水。注意饲养密度和舍内空气，灯泡要勤擦。

33 日龄：饮多种维生素水，常规管理，注意通风。

34～35 日龄：34 日龄日常管理，准备 3 号饲料；35 日龄开始换料，3 号料加 1/3，2 号料加 2/3，混合均匀。晚上抽样称重，称重后带鸡消毒 1 次。

36 日龄：3 号料加 2/3，2 号料加 1/3，混合均匀，注意通风。

37 日龄：全部饲喂 3 号料，适当轰赶鸡群，减少伏卧时间，以减少胸囊肿病的发生，增加喂料次数，刺激肉仔鸡采食。

38～41 日龄：加强通风，舍温控制在 20～22℃，以刺激食欲。每天最好有半小时空槽时间，以使肉仔鸡采食增加。

42 日龄：日常管理，晚上称重（如果已达到出栏体重，可以准备出栏）。而后带鸡消毒 1 次。

43～44 日龄：除去料中药物，以后严禁使用任何药物。

45 日龄：最后带鸡消毒 1 次。

46～48 日龄：加强管理，注意温度、湿度、饲养密度、通风、光照、及时清理粪便等，确保舍内环境稳定。每天轻轻轰赶鸡群几次，刺激采食。根据体重及饲料剩余情况确定出栏时间，与有关部门联系，做好出栏准备工作。

49 日龄：出栏前 12 小时撤出料桶，出栏前 3 小时拿走饮水器。出栏时，抓鸡姿势正确，要轻拿轻放，以免造成骨折、碰伤等导致损失，记录鸡数，随车携带养鸡合同、准宰通知和检疫证明及饲养用药记录到屠宰场。

最后进行总结，计算投入产出。对鸡舍用具彻底清扫、消毒，空舍 7～10 天，开始下一周期生产。

87 饲养肉鸡应做好哪些记录？

通过记录了解每批肉鸡的饲养效果，发现技术和经营上存在的问题，作为总结经验、改进饲料管理和经营的重要参考资料。鸡场要印制各种表格，记录内容主要包括如下几个方面。

（1）常规记录　包括进雏日期、进雏数量、购货单位、品种名称、鸡种来源、途中死亡数及实存数。

（2）每日记录　包括每日的饲料消耗数、死亡淘汰数、鸡群的健康状况（呼吸情况、粪便颜色、是否受到应激）、气候变化、投药、疫苗接种、停电等。

（3）每周记录　包括每周（7 天）饲料消耗总数、死亡淘汰数、抽测体重情况、料重比、成活率。

（4）防疫、投药记录　包括防疫投药日期、疫苗名称、疫苗来源、有效日期、使用量、方法及接种疫苗前后的效价水平等。

（5）出售记录　包括出售日期、只数、重量、单价、总价等。

88 从管理角度如何提高饲养肉鸡的效益？

可采取以下综合措施。

（1）采用科学的饲养制度，实行全进全出制　一般养鸡户都知道全进全出有利于隔绝、清除病原微生物。但受市场需求量和价格的影响常常不能同出。这样的结果还因频繁捉鸡致其他待售鸡群产生应激，采食量下降和料肉比、料蛋比上升。预防此类现象的发生，可以采取预见性同进同出，即将同时进场的鸡苗分成小群，如

500只/群，这样可以在市场行情波动时，有选择地小群出售，而不影响其他群的正常生长。部分养鸡户在出售完大群鸡后，常将几只暂时无法出售的鸡留下，待下一群鸡进场时混于其中，或留在网下捡漏的饲料，这样看表面上有利于利润的增加，实际上给新进鸡苗带来疾病隐患，是得不偿失。

（2）更换适合市场的品种　风味土鸡、快大肉鸡、炖煮肉鸡、保健鸡蛋、土鸡蛋、良种鸡蛋都有其各自不同的市场需要。要了解市场需求，有的放矢饲养适销品种。

（3）适宜的饲养方式　农户大多喜欢的饲养方式是网上养殖，因为它可以减少疾病，节省药费，且饲养密度也较大。但其前期投入太大，常造成部分养鸡户资金紧张，只好降低鸡的营养水平。其实地面养鸡只要防疫做得好，比如进出场换衣、鞋，鸡舍常消毒，垫料勤更换等，效益也是很好的。菜农和果农常在其菜地、果园里套养土鸡，这种方式非常好，但必须注意预防农药中毒。

（4）改善环境卫生　养鸡户要注意饲料卫生、空气卫生和饮水卫生。有些鸡场常年发病不断，很多时候是由于水源受污染引起。有的养鸡场里蚊、蝇肆虐，因而引发了很多疾病。鸡体内的病原微生物通过使用抗生素来控制越来越行不通了，因为其药物残留量太大，且成本较高，现在多是用加酶益生素来替代，实践表明，它不但改善了鸡场环境卫生，而且改善了鸡体肠道卫生，增加了鸡的生产能力。

（5）注意育雏管理　育雏期损失鸡苗在很多养殖户看来是司空见惯的事，也是成活率低的主要原因。此阶段的育雏条件，初饮与开食、育雏光照、育雏密度不合理及大肠杆菌感染、鸡白痢感染等都会引起鸡苗的死亡。

适时地投入药物会减少这种损失，如2～5日龄用恩诺沙星预防鸡白痢；15～17日龄用多西环素、恩诺沙星、环丙沙星等预防慢性呼吸道及大肠杆菌病；22～25日龄、38～42日龄预防慢性呼吸道和大肠杆菌病。

（6）减少应激　养鸡户已认识到声、光、色和饲料更换、转群、免疫接种、更换饲养人员等，常会带来鸡产蛋率下降或肉鸡当天采食量下降。要尽可能减少应激是保证鸡群高产出的基础，比如农村有在鸡舍前种植有藤植物的办法减缓热应激，冬天用烧土炕来避免煤气应激。

（7）适时出售　肉鸡达到一定体重时，料肉比突破其最佳盈利点，反会带来效益下降，所以要适时销售。

九、肉鸡常见疾病控制

89 肉鸡有固定的免疫程序吗？

免疫程序及其内容不是一成不变的，它取决于该群鸡父母代免疫情况。如肉鸡通常可以不进行马立克病疫苗的免疫，无传染性喉气管炎威胁的场地可以不进行此种免疫；而母源抗体强时，应避其高峰或用超倍量免疫接种。当鸡群营养不佳或有病时，最好暂缓免疫。鸡新城疫疫苗与传染性喉气管类疫苗可同时免疫，否则应间隔10天以上，以免鸡新城疫免疫失败。而雏鸡进行过传染性法氏囊病疫苗1周后因法氏囊尚肿，这个时间内进行其他免疫常常效果不佳。总之，进行哪项免疫，什么时间做，最好咨询一下能够胜任此项工作的养鸡专家。

90 该做的免疫都做了，为什么鸡还是发病？

免疫用苗或免疫方法不当，没有达到免疫效果。可能的原因：疫苗过期、疫苗保存温度不当；点眼、滴鼻时操作时间过长；饮水免疫时，停水时间过短，造成部分鸡没有饮水进行免疫；气雾免疫时雾粒大小不够适当；刺种时，刺在血管上或皮肤表面；该刺种免疫的却用饮水来免疫；用高免蛋黄替代疫苗；皮下注射免疫时漏针；点眼、滴鼻时稀释疫苗尚未吸收就放鸡等。这些都易造成免疫效果不理想。

91 怎样制订合理的免疫程序？

鸡的病毒性传染病主要是通过疫苗接种来达到预防目的，应根据当地疫病流行情况和本场的实际情况以及鸡群的母源抗体水平科学制订免疫程序，并选择质量好的疫苗进行接种，免疫程序可参考表9-1。

表9-1 肉仔鸡免疫程序

日龄	疫苗	免疫方式
	免疫程序一	
1	鸡新城疫、传染性支气管炎二联苗	点眼、滴鼻
	鸡新城疫单苗	颈部皮下注射
8～10	鸡传染性法氏囊病双价苗	点眼、滴鼻或3倍量饮水
12	禽流感 H5H9 二联苗	颈部皮下注射
18	鸡新城疫、传染性支气管炎二联苗	3倍量饮水
25	鸡传染性法氏囊病多价苗	3～4倍量饮水
32	鸡新城疫Ⅳ系苗	4倍量饮水
	免疫程序二	
6～8	鸡新城疫、传染性支气管炎二联苗	点眼、滴鼻
	鸡新城疫单苗	颈部皮下注射
12	禽流感 H5H9 二联苗	颈部皮下注射
12～14	鸡传染性法氏囊病双价苗	点眼、滴鼻或3倍量饮水
20～22	鸡新城疫、传染性支气管炎二联苗	3倍量饮水
28	鸡传染性法氏囊病多价苗	3～4倍量饮水
35	鸡新城疫Ⅳ系苗	4倍量饮水

注意事项：

（1）上述两种免疫程序只适用于健康鸡群，鸡群受到强烈应激或发病时暂缓免疫。

（2）首次免疫接种，所用疫苗必须用弱毒苗。如用中等毒力或中等毒力以上的疫苗接种会引起严重的免疫接种反应，甚至导致鸡群发病。

（3）免疫前后3天禁用一切消毒药物和抗病毒药物，以及某些对免疫有抑制的药物，如庆大霉素、金霉素、磺胺类等。

（4）免疫前后 3 天可加入免疫增强剂，以提高免疫力。

（5）免疫期间，密切注意球虫病、传染性法氏囊病、支原体病、大肠杆菌病等。

92 什么是浸头免疫法？浸头免疫应注意什么？

所谓浸头免疫法，就是将鸡新城疫疫苗加水稀释，将雏鸡的头短时间浸于疫苗液中进行免疫的方法。此免疫操作简单，技术含量不高，在养殖设施条件不高的农户中可推广使用。疫苗的利用率高，除最后罐内剩下的残液外，均可为鸡只免疫使用，减少疫苗浪费。免疫的效果良好，既可以产生均匀有效的循环抗体，又可使鸡只的呼吸系统、消化系统的黏膜都得到免疫应答，产生抵御鸡新城疫病毒入侵的第一道防线——黏膜抗体。避免了其他免疫方式带来的弊端。

（1）操作方法　用苗量：2 羽/只；用水量：1 毫升/只配制疫苗（疫苗在 1 小时内用完）。将配好的疫苗溶液倒在 400 毫升左右的容器中，每次倒 300 毫升左右。然后由 2 人操作，其中 1 人抓鸡，另 1 人接种。接种者一手抓住鸡的两腿，另一手固定鸡的头部，将鸡头大部分浸入药液中浸 2～3 秒钟，使鸡的嘴、眼、鼻同时沾上药液。

（2）注意事项　在使用浸头免疫时，浸头用的疫苗水会越来越脏，所以要坚持更换污浊的疫苗液，一般免疫 500 只左右更换 1 次，保证免疫的有效和安全。

93 新养殖户怎样观察鸡群？

新养殖户通过观察鸡群可以了解鸡群的健康水平，熟悉鸡群情况，及时发现鸡群的异常表现，以便及时采取相应措施，加强饲养管理和疾病防治，从而保证鸡群的健康成长。观察鸡群的时间，在清晨和傍晚或每次喂料、饮水后进行，听鸡群的呼吸音等应在夜深人静时进行。

（1）观察行为　正常情况下，雏鸡反应敏捷，精神活泼，挣扎有力，叫声洪亮而脆短，眼睛明亮有神，呼吸均匀。如果出现扎堆或站立不卧，闭目无神，叫声尖锐，拥挤在热源处，说明育雏温度太低；如雏鸡撑翅伸脖，张口喘气，呼吸急促，饮水频繁，远离热源，说明温度过高；雏鸡远离通风口，说明鸡舍有贼风。颈部弯曲，头向后仰，呈观星状或扭曲，是鸡新城疫或维生素 B_1 缺乏所致；翼下垂、腿麻痹，呈劈叉样姿势，主要见于神经型鸡马立克氏病，有时维生素 B_1 缺乏也可引起；发生腹水症时，腹部膨大、下垂，呈企鹅样站立或行走，按压腹部有波动感；动作困难或鸭步样常见于佝偻病或软骨病；维生素 B_2 缺乏可导致爪向内蜷曲。

（2）观察羽毛　健康鸡的羽毛平整、光滑、紧凑。若羽毛蓬乱、污秽、无光泽，多见于慢性疾病或营养不良；羽毛断落或中间折断，多见于鸡羽虱、啄羽；幼鸡羽毛稀少，是烟酸、泛酸缺乏的表现。

（3）观察粪便　正常的粪便为青灰色，成形，表面有少量的白色尿酸盐。当鸡患病时，往往排出异样粪便，如排水样稀便多由鸡舍湿度大、天气热、饮水过多引起；血便多见于球虫病、出血性肠炎；白色石灰样稀粪多见于鸡白痢、传染性法氏囊病、传染性支气管炎、痛风等；绿色粪便多见于鸡新城疫、鸡大肠杆菌病；黄曲霉毒素中毒、食盐过量、副伤寒等排水样粪便。

（4）观察呼吸　当天气急剧变化、鸡舍氨气含量过高、灰尘过多或接种疫苗后，容易激发呼吸系统疾病，故应在此期间注意观察鸡的呼吸频率和呼吸姿势，有无鼻涕、咳嗽、眼睑肿胀和异常的呼吸音。当鸡患鸡新城疫、慢性呼吸道病、传染性支气管炎、传染性喉气管炎时，常发出呼噜声或喘气声，夜间特别明显。

（5）观察腿爪　如果有脚垫，多是因垫网过硬或湿度过高引起；如果环境温度过高、湿度过小，易引起干裂；如果垫网有毛刺，接头间未处理以及其他易引起外伤的因素存在，则鸡只易感染葡萄球菌，引发腿病；如果腿爪干瘪，应考虑大肠杆菌病、痛风、肾传染性支气管炎等。

（6）观察鸡冠及肉垂　正常情况时，鸡冠和肉垂呈湿润、稍带光泽的鲜红色。若鸡冠紫黑色，常见于盲肠肝炎或鸡濒死期；鸡冠苍白，可见于住白细胞原虫病、内脏破裂等。冠及肉垂上有突出表面、大小不一、凸凹不平的黑褐色结痂，是皮肤型鸡痘的特征。头、肉垂肿胀，往往是禽流感的表现。

（7）观察鸡眼　正常时鸡眼圆而有神，非常清洁；鸡眼流泪、潮湿，常见于维生素A缺乏症、支原体感染及传染性鼻炎。健康鸡的眼结膜呈淡红色，若结膜内有干酪样物，眼球鼓起，角膜中有溃疡，常见于鸡曲霉菌病；结膜内有稍微隆起的小结节，虹膜内有不易剥离的干酪样物，常见于眼型鸡痘。

（8）观察饲料及饮水用量　鸡在正常生长情况下，采食量、饮水量保持稳定地缓慢上升过程，若发现采食量、饮水量明显下降，就是发病的前兆。当发现剩料过多时，应注意附近鸡群中是否有病鸡存在。

（9）触摸检查　主要是检查嗉囊的大小和充实程度、生长发育状况，根据膘情或胸部肌肉丰满程度而调整饲料营养及加强饲养管理等。

94 1日龄雏鸡注射头孢噻呋钠好吗？

不好，应根据鸡群的实际情况进行。如果鸡苗弱，有大肠杆菌病、沙门氏菌病，可以注射，并应连续注射3天。如果鸡苗健康，不应注射。

1日龄雏鸡使用头孢噻呋钠常见于一些孵化场对鸡苗采取的措施，目的是切断种鸡垂直传播的大肠杆菌病和沙门氏菌病，以及绿脓杆菌病，不提倡普及推广。因为，不是所有的这些疫病都对头孢噻呋钠敏感；而且，头孢噻呋钠一般是一次性应用，过早使用易产生抗药性，掩盖病情，不利于后期治疗。弱雏必须前期淘汰，不要单纯追求成活率，否则损失更大。

95 雏鸡糊肛是怎样造成的？怎样预防？

雏鸡糊肛（图9-1）是由多种应激、多种疾病或脱水引起的一种症状，多发生于出壳后3～7天的雏鸡，如雏鸡开水或开食不及时、饲料蛋白含量过高、环境温度低以及患白痢、传染性法氏囊病等，常导致雏鸡消化不良、生长缓慢、糊肛、成活率低。

（1）病因

①单纯消化不良：刚出壳的雏鸡消化器官容积小，消化机能尚未发育健全，如果用含

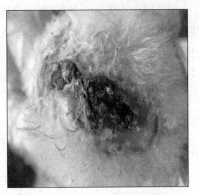

图9-1　糊肛（山东省农业科学院家禽研究所提供）

粗蛋白高的饲料开食，会因过食引起消化不良而发生糊肛现象。临床表现为食欲不振，嗉囊肿胀，粪便中有未消化的饲料。

②脱水后暴饮：由于长途运输或初饮过迟，雏鸡脱水而引起血液浓缩，导致肾脏苍白肿大，尿酸盐沉积，暴饮后雏鸡会因高渗水而发生腹泻，粪便黏着肛门周围绒毛而糊肛。临床表现为精神沉郁，羽毛松乱，排出黏液和白色稀粪，肛门松弛，收缩无力。

③啄肛：啄肛严重的可引起肛门肿胀、排粪不畅，黏结在一起引起糊肛症。病鸡羽毛散乱或脱落，粪便上常常带有血丝或黏稠的血液。

④雏鸡白痢：常于出壳后1～2天开始发病。感染的雏鸡死亡多在7日龄以后，临床表现明显的衰弱症状，精神萎靡，食欲不振，粪便黏附堆积肛门处造成排粪困难。病鸡怕冷、喜扎堆，翅膀下垂，排白色粉笔样或绿褐色粪便，脱肛或肛门持续扩张和收缩，排便时因疼痛而发出尖叫声等。

⑤鸡传染性法氏囊病：雏鸡感染此病后，羽毛蓬松，不愿走动，精神沉郁，食欲不振，下痢，病情严重的缩头、嗜睡、脱水、不断哀鸣，发病3～4天死亡达到高峰期。病鸡的饮水量明显增加，排泄物呈浅白色或黄水状，黏着在肛门周围，扭头啄肛门。

⑥应激：刚出壳的雏鸡自身体温调节中枢发育不完善，对外界环境反应十分敏感，当外界环境发生急剧变化时，不能有效调整自己的体温，加之免疫力低下而引起消化系统和呼吸道症状。病鸡呼吸症状明显，咳嗽，流清鼻液，鼻眼有分泌物，排出的粪便稀稠不一。

（2）防治措施

①单纯消化不良：降低饲料蛋白质含量至20％，饲喂1周。可在每100千克病鸡饲料中添加100克乳酸菌素，拌料饲喂，连用4天，也可添加0.1％～0.5％微生态制剂。

②雏鸡白痢：20％氟苯尼考1克加20毫升开水，溶解后加入3 000～5 000毫升水，集中饮水，1次/天，连用3天。

③脱水造成的暴饮：电解多维或速补饮水，连用3天。

④传染性法氏囊病：注射高免卵黄抗体减轻症状，也可用广谱抗菌药防止继发感染，同时用中药金蟾五毒散按4％比例拌料饲喂，连用3天。

⑤糊肛：鸡用0.1％高锰酸钾温水浸泡后清洗干净，感染的鸡涂抹紫药水。

（3）预防措施

①及时初饮：雏鸡出壳后，及时初饮有助于雏鸡腹腔内剩余蛋黄的吸收。一般出壳后12小时即可初饮。头3天最好用温开水，并在水中加适量的葡萄糖、电解质及抗生素，有效防止雏鸡糊肛症的发生。

②适时开食：雏鸡开食的时间以出壳后24小时为好，最迟不超过36小时。雏鸡初饮3小时后即可开食，适时开食有利于鸡的生长发育，减少疾病的发生。开食料可用玉米渣。雏鸡全价料注意不添加杂粮。

③保持适宜的温度、湿度：雏鸡出壳后体温很快下降到39.5℃，经2～3周才能恢复，所以育雏舍内一定要保持适宜的温度；湿度控制在60％～70％，既有利于雏鸡的生长发育，又能防止糊肛症的发生。

96 30日龄后的肉鸡"过料"是什么原因引起的？怎么办？

肉鸡"过料"就是我们常说的"肠毒综合征"，以腹泻、粪便中含有未消化的饲料、采食量下降、生长缓慢、体重减轻、饲料转化率下降、脱水为特征的疾病。虽然死亡率不高，但是由于患病鸡生长缓慢，给肉鸡养殖户造成了巨大的经济损失。病因有以下几种。

（1）小肠球虫的感染　该病的病因是多方面的，不是单一的小肠球虫感染，但小肠球虫的感染是其主要的病因之一。众所周知，养鸡的地方都有球虫存在，由于环境条件、管理水平和药物预防水平不同，多发于30～40日龄肉鸡群中，主要因为球虫已多次在鸡体和环境中完成其生活史，饲料和粪便中的卵囊数量明显增多，导致此阶段球虫严重感染，特别是巨型艾美耳球虫、堆型艾美耳球虫和毒害艾美耳球虫严重感染是导致本病的原发性病因。由于小肠球虫在肠黏膜上大量生长繁殖，导致肠黏膜增厚、严重脱落及出血等病变，几乎使饲料不能被消化吸收；同时，对水分的吸收也明显减少，尽管鸡大量饮水，也会引起脱水现象，这是引起肉鸡粪便变稀、粪中带有未消化饲料的原因之一。

（2）肠道内环境的变化　在小肠球虫感染的过程中，小肠球虫在肠黏膜细胞里快速裂殖生殖，因球虫的大量增殖需要消耗宿主细胞的大量氧，导致小肠黏膜组织产生大量乳酸，使得肉鸡肠腔内pH严重降低，由于肠道pH的变化，肠道菌群发生改变，有益菌减少，有害菌繁殖，特别是大肠杆菌、沙门氏菌、产气夹膜杆菌等趁机大量繁殖，球虫与有害菌互相协同，加强了致病性。肠道内容物pH的下降，使各种消化酶的消化能力下降，导致饲料消化不良。另外，刺激肠道黏膜，使肠的蠕动加快加强，消化液排出增多，饲料通过消化道的时间缩短，从而导致饲料消化不良，出现"过料"现象。由于肠道蠕动加快加强，胆囊分泌的胆汁迅速从肠道排出，与没消化的饲料混合在一起，形成该综合征的特征性粪便——略带浅黄色的粪便。

（3）长期使用抗生素　由于预防和治疗肠道疾病，长期、大量使用抗生素，在杀害有害菌的同时，也杀死了有益菌，造成菌群失衡。这种情况很难治愈，而且由这个原因发病的病例也很多。像这种情况，使用一些西药治疗药物，情况稍微好些，停药后又复发。所以针对这种情况，最好是在饲料里面长期添加 0.5% 的益生素，调节菌群平衡，如使用鱼肝油修复肠黏膜，同时配合治疗肠道的中药。

（4）病毒病的存在　有些顽固性的腹泻，单纯靠抗生素的药物很难治愈。所以应考虑是否为非典型性新城疫、温和型禽流感，根据解剖状况对症治疗。

（5）饲料的原因　使用发霉的饲料原料，杂粮添加过多。

（6）肾肿引起的稀便　长期使用抗生素，或者治疗球虫的磺胺药和其他病引起的肾肿。此时需要用一些保肾和促进排泄的药结合维生素 C＋葡萄糖＋口服补液盐。

（7）自体中毒　在发病的过程中，大量的肠上皮细胞破裂，在细菌的作用下，发生腐败分解，以及虫体死亡、崩解而产生大量有毒物质，被机体吸收后发生自体中毒，从而在临床上出现先兴奋不安、后瘫软昏迷衰竭死亡的情况。

（8）措施　消化不良的过料现象，不是单纯性的而是综合性的。首先要提供优质、全价、营养平衡的饲料，改善饲养管理，温度保持平衡，随着肉鸡的生长日龄而调整，不能忽高忽低，勤换垫料。定期预防用药控制球虫、魏氏梭菌、腺胃炎。在免疫时，多用黄芪多糖和优质维生素来提高免疫力。

97 怎样控制"817"杂交肉鸡沙门氏菌病？

"817"杂交肉鸡生产的原理就是用快大型肉鸡的种公鸡作父本，商品蛋鸡作母本，其母代由于不是种鸡，是商品蛋鸡，而在蛋鸡生产中一般养殖户都不做沙门氏菌的阳性净化，这样"817"鸡苗的蛋传沙门氏菌病就不可避免。蛋传沙门氏菌病主要表现为雏鸡白痢和伤寒两种。养殖户在选择鸡苗时应做到：

（1）尽量到信誉较好的孵化厂订购鸡苗，并签订相关合同，尤其是鸡苗涨价时种蛋来源杂，养殖户在鸡苗交易中处于被动，更须注意此类问题。

（2）进雏前鸡舍内温度应升至35℃左右，进雏后若发现鸡苗有轻微沙门氏菌感染时，应保持37℃的高温，高温育雏是降低沙门氏菌危害的重要措施。另外，要使用敏感抗生素控制其水平传播，如氟苯尼考、新霉素、丁胺卡那等。

（3）若雏鸡群沙门氏菌感染严重，每天病死率高达4％～5％，则可考虑全群淘汰，重新购进鸡苗，以免招致更大的经济损失。

（4）若雏鸡群沙门氏菌感染较轻还有饲养价值，可颈部皮下注射丁胺卡那或头孢类药物，每只5 000～10 000单位，连续注射3天，同时注意环境消毒。

98 使用颗粒料怎样拌药？

（1）能溶解的药　可以将药物溶在少量水中，把饲料平摊在地上，用小的喷雾器喷洒在饲料上，翻一下再喷。

（2）不能溶解的药　先在颗粒料上喷洒少许水，等潮湿后用铁锨拍碎，然后拌药，把全天的药物分2次投服，注意供应充足的饮水。

99 30日龄后大肉鸡咳嗽、呼噜、甩鼻的现象明显增多，难治疗，怎么办？

肉鸡饲养到后期由于天气变化、昼夜温差大、环境差，以及免疫程序的安排不合理，常常导致鸡群呼吸道症状普遍存在，而在初期用药却没有太明显的效果。发病初期，晚上有轻微的"扑哧"声，拖得很长，部分鸡有甩头的动作，眼里有泪，支原体药和大肠杆菌药同时连用3天，绝大多数鸡的眼睛病变会恢复正常，但过几天咳嗽、呼噜的鸡明显增多，解剖有呼吸道症状的鸡，鼻腔黏膜充血潮红，眶下窦炎性肿胀，气管上1/3处很明显的出血点，以喉头居多，发病时间长者，气管内有黄色黏液，气囊不透明，回肠淋巴滤泡肿大出血，病毒病又发生了，成为多病因呼吸道病，用药则减轻，不用药则加重。

这是由于鸡自身的生理特点（有气囊），决定了呼吸道疾病的发病率高，难治愈。因此，在治疗的时候要注重多方面因素的影响，侧重于饲养环境的改善，因为最好的药物就是干净的环境。养殖户必须明白这一观念。

在用药期间，坚持带鸡消毒，在保证舍温的前提下通风换气，避免温差过大引起二重感染；把肠道保健和鸡粪的清理做到位，避免氨气的刺激给脆弱的呼吸系统雪上加霜。

在平常的饲养管理中，合理安排免疫程序是前提，病毒病主要靠疫苗预防。日粮中添加足量的维生素A，确保上呼吸道黏膜的新陈代谢及其完整性，以及气管纤毛的有序摆动，保证及时排除侵入呼吸道的病原微生物。定期用中药做预防保健，激活抗原及各种免疫细胞和分子，使鸡群抗体水平较高，抵抗病毒侵入。

本病的病原体是病毒，治疗以抗病毒中药为主：上午用头孢、磷霉素成分药；下午用提高抗体中药＋清瘟解毒药＋抗病毒复合西药，连用4～5天后呼吸道症状自然消失。更关键的是投药时机，鸡群刚出现呼吸道症状时，抓几只症状明显的鸡进行解剖，如果发现气管上1/3及喉头出现点状出血，应立即投药，若太晚则效果不佳。

100 为什么肉鸡发病多、难养？

肉鸡发病多、难养是不争的事实，其原因主要是由肉鸡本身的特点所决定的。

（1）肉鸡生长快　肉鸡在短短的56天里，平均体重即可从40克左右长到3 000克以上，8周间增长70多倍，而此时的料肉比仅为2.1∶1左右，这种生长速度和经济效益是其他畜禽不能相比的。

（2）对环境的变化比较敏感　肉鸡对环境的适应能力较弱，要求有比较稳定适宜的环境。肉鸡育雏期怕冷，温度低于32℃就会聚堆，很容易出现压死现象。由于肉鸡的迅速生长，对氧气的需要量较高。因此，在肉鸡育雏期间有些养殖场（户）常出现重温度而忽视通风换气。肉鸡育雏期间保温与通风换气是一对矛盾，如果这一对矛盾解决不好，饲养早期通风换气不足，就可能增加腹水症的发病率。肉鸡稍大以后特别不耐热，超过30℃肉鸡就会俯卧不起，不吃不喝，影响增重。在夏季高温季节，还很容易因中暑而死亡。

（3）肉鸡的抗病能力弱　由于肉鸡的快速生长，大部分营养都用于肌肉生长方面，抗病能力相对较弱，容易发生慢性呼吸道病、大肠杆菌病等一些常见性疾病，一旦发病还不易治好。此外，肉鸡对疫苗的反应也不如蛋鸡敏感，常不能获得理想的免疫效果，稍不注意就容易感染疾病。肉鸡的快速生长也使机体各部分负担沉重，特别是3周内的快速增长，使机体内部始终处在应激状态，因而很容易发生肉鸡特有的猝死症和腹水症。由于肉鸡的骨骼生长不能适应体重增长的需要，容易出现腿病。由于肉鸡胸部在趴卧时长期支撑体重，如后期管理不善，常会发生胸部囊肿。

101 为什么说搞好卫生防疫是鸡场的首要任务？

无论是小规模的专业户还是大规模集约化鸡场，目前在我国养鸡中最大的风险仍是疫病问题。鸡群中发生疫病流行，轻者影响生产性能，重者造成全鸡群毁灭。其中，危害养鸡业最严重的疾病是传染病。所以，卫生防疫是养鸡获得成功的重要保证。随着我国肉鸡业的快速发展，即使是家庭饲养也逐渐向大规模、高密度的方式转变。虽然可以提高经济效益和社会效益，但也使疫病控制问题变得尤为突出。大规模、高密度的饲养方式导致病原微生物大量繁殖，鸡的抗病能力下降，鸡群感染疫病的可能性便会提高数倍。规模和密度越大的鸡场一旦发病，其经济损失也越大。原因来自两方面：其一，病死率高，造成巨大损失；其二，发病而未死亡的鸡只，饲料报酬下降，鸡体质量等级下降，同时还需付出相当的治疗费用。肉鸡增重快、饲料报酬高的特点，是任何一种家畜、家禽无法比拟的，这也是肉鸡育种业几十年来的巨大成功。但是，肉鸡对疫病控制的要求也越来越高。近几年，由于育种公司过度追求生长速度，使得肉鸡呈现出超越生理需要的畸形的快速生长，使得机体生理负担加重，抗病力下降。这就要求我们为其提供更好的卫生环境和更完善的防疫措施。随着近十几年来我国肉鸡业的飞速发展，我们已经掌握了一整套鸡场的综合防疫措施。只要从场长到饲养员，人人都树立起坚定的防疫观念，全方位的防疫思想，排除干扰，确确实实做到预防为主，那么就一定能将疫病控制到最大限度。多年来，各地的饲养经验证明，重视并做好防疫卫生，就能养好鸡；反之将会造成不可挽回的巨大损失。所以有多年养鸡经验的人们总结出：在鸡场中，无论对防疫卫生工作如何强调，都不过分。

102 养殖场应采取什么样的卫生防疫措施？

（1）场址的选择　场址的选择与防疫有很大关系。我国不少养鸡场建在大城市附近，就近供应鲜蛋与活鸡，但城市与养鸡场互有干扰，城市里的废气、废水、废弃物等"三废"会对养鸡场造成危害，也会形成公害。养鸡场应设在城市的远郊区，距市区大于15千米的地区，与附近的居民点、村庄、铁路、公路干道、河道要有相应的距离，以防止环境污染、病原感染与噪音干扰等。从长远考虑，养鸡场应建在离城市较远、地价便宜、交通又便利的地方。

选择场址地势要高燥、背风向阳、排水方便。在平原地区应该选择地势高、土质良好、稍向东南倾斜的地方；山区丘陵地区应选择山坡的南面建场，这样有利于通风、光照和排水。

选择的场址必须有充足的优质水源，水质应符合家禽饮用水标准，取用方便。

电源应充足、稳定、可靠。电对养鸡场是不可缺少的。喂料、供水、供料、集蛋、孵化、照明、取暖、通风等都需要电，尤其是孵化，经常停电对其影响最大，必要时自备发电机。

（2）选用科学的生产制度　即"全进全出"制，指一个养鸡场或一个养鸡专业户只养一批同日龄的鸡，育成鸡饲养场、蛋鸡场、肉鸡场等，其场内的鸡同一日期进场，饲养期满后全群一起出场。采用"全进全出"制的优点：有利于最大限度消灭场内的各种病原体；能防止各种传染病的循环感染；能使免疫接种的鸡群获得较为一致的免疫力；方便管理。

（3）养鸡场内分区及各区在卫生防疫上的要求　养鸡场可分为生产区、生活区和隔离区，各区既要相互联系，又要严格划分。生产区要建在上风头，生活区在最前面，与生产区应有300～500米的距离。

兽医诊断室、化验室、剖检室、尸体处理室等地应建在生产区的下风方向。

鸡粪场应设在离生活区和鸡舍较远的地方，最好能距离500米以上，应建在生活区和生产区下风方向。

（4）切断外来传染来源　非生产人员不得进入生产区，生产人员要在场内宿舍居住，进入生产区时要在消毒室更换消毒过的工作服、靴，洗手消毒后方可进入。种鸡场要求应更严格，进入生产区时，须淋浴，换上消毒后的生产区专用工作服方可进入。饲养人员不能随意到本职以外的鸡舍，并禁止串换、借用饲养用具。运料车不应进入生产区，生产区的料车、工具不能出生产区。水质要清洁，没有自来水水源条件的鸡场，最好打井取水，井深应在40米以下，不能用场外的河水或井水。最好谢绝参观人员入内，或参观人员入内必须经严格消毒后并穿工作服方可进入。外来车辆不允许进入生产区。养鸡场内严禁饲养其他家禽、鸟类。引种的鸡群要隔离观察1个月以上，确定健康无病时方可合群。生产区内的饲养用具使用前必须经严格的清洁和消毒并设专人执行和检查验收。

（5）场内卫生管理措施　保持鸡舍清洁卫生，温度、湿度、通风、光照适当，尽量减少各种应激因素。供料、供水设施及器具定期洗刷、消毒，经常带鸡饮水消毒和喷雾消毒。鸡群淘汰后，对鸡舍及用具要进行彻底清扫、洗刷、消毒，并适当空闲一段时间再进雏。

每月对鸡群进行检查，尤其要注意饮水量、采食量、粪便、羽毛的异常，呼吸及步态的异常，鸡只的精神状态等，及时发现病死鸡，及早处置，能大大减少因疫病蔓延而造成的损失。死鸡要科学处理，如焚烧、深埋等，尤其要注意不让犬、猪等吃病死鸡。定期杀虫、灭鼠、控制飞鸟，消灭疫病的传播媒介。种鸡场要做好种蛋的管理和孵化的消毒工作，避免疫病经种蛋和孵化传播。制订适合本场切实可行的疫病防治程序并严格执行。建立健全鸡的饲养记录，有助于饲养管理经验的总结和成本核算，以及为分析和防治鸡病提供依据。

（6）对养鸡场工作人员的要求　养鸡场每一个人对全场的安全生产都负有责任，每个人都应严格执行综合防疫的措施，其基本要求有以下几条：进场时必须消毒，更换消毒好的工作服、靴等；遵守生产区的各项生物安全措施；职工家属不得饲养家禽、鸟类；职工不得从场外购买活家禽、禽蛋等。

（7）鸡场发生疫情时的扑灭措施　发生严重疫病时（如禽流感），应立即上报主管部门，并通知邻近鸡场，以便共同采取措施，将疫情控制在最小范围内及时扑灭，根据发生的疫情采取必要的防治措施，妥善处理病死鸡和可疑鸡群，鸡场内进行全面、严格的消毒。

103 为什么养鸡场消毒很重要？应执行怎样的消毒制度？

当前我国的养殖是散养户和规模鸡场、农户鸡场并存，再加上进口种鸡病原体的携带，使鸡传染病越来越多，而许多养殖户不重视消毒和环境卫生的控制，使养殖环境越来越差，养殖效益大打折扣。所以，目前养殖场的消毒管理急需加强，消毒意识亟待提高。

消毒应分为定期消毒和临时消毒。

（1）定期消毒　是针对当地常发生的疫病种类、鸡群种类、不同季节等综合因素进行分析安排，并制订一套周密的消毒计划，切不可随心所欲。对进入生产区的人员必须严格按程序和要求进行消毒，无论是谁，都应按一个标准执行。许多养殖场对外来人员要求严格，对本场人员却要求放松。许多不经任何消毒从饲料间、粪场等通道进入生产区的，基本上都是本场人员。

（2）临时消毒　是指在受到某种疾病威胁或已发生疫情时，根据具体情况制订临时消毒计划，除考虑选用针对性的消毒药物、消毒方法之外，还必须全面彻底地进行全方位大扫除、大消毒。

104 如何选择消毒剂？

消毒剂要根据消毒的方式或消毒对象选择。

（1）饮水用消毒剂的选择　饮水消毒要求所用消毒药物对鸡只的肠道无腐蚀和刺激，一般常选用的药物为卤素类，常用的有次氯酸钠、漂白粉、二氯异氰尿酸、二氧化氯等。

（2）喷雾用消毒剂的选择　喷雾消毒分两种情况，一种是带鸡喷雾消毒，主要应用卤素类和刺激性较小的氧化剂类消毒剂，如双季铵盐—碘消毒液、聚维酮碘、过氧乙酸、二氧化氯等；另一种是对空置的鸡舍和鸡舍内的设备进行消毒，一般选择氢氧化钠、甲酚皂、过氧乙酸等。

（3）浸泡用消毒剂的选择　一般选用对用具腐蚀性小的消毒药物，卤素类是其首选，也可用酚类进行消毒。对于门前消毒池，建议选择3%～5%的烧碱溶液。

（4）熏蒸用消毒剂的选择　一般选择高锰酸钾和甲醛，也可用环氧乙烷和聚甲醛，应根据情况而定。

105 肉鸡出栏后应遵循怎样的消毒程序？

肉鸡出栏后应遵循的消毒程序包括以下几项。

（1）鸡群出栏后没有清理粪便的鸡舍（出栏后1～3天），用过氧乙酸0.5%喷雾消毒，目的是减少鸡粪对环境的污染。

（2）清理粪便后（出栏后3～5天）再用1%的过氧乙酸对鸡舍和鸡舍外5米内全部喷洒消毒，目的是减少鸡舍内外病原微生物含量。

（3）出栏后 6～9 天，对鸡舍内外彻底清扫，做到"三无"（无鸡粪、无鸡毛、无污染物），然后用 0.3％的漂白粉冲洗消毒后风干鸡舍，目的是通过清洗和清扫来减少鸡舍内外的病原微生物。

（4）出栏后 10～12 天，用 3％氢氧化钠对鸡舍各个角落喷洒消毒，然后用 20％石灰乳涂刷墙壁、泼洒地面，要求涂匀、泼匀、不留死角，然后用少量清水清洗鸡舍。再用高锰酸钾和甲醛熏蒸消毒后密闭鸡舍。

（5）在进雏前 5 天，打开鸡舍，放尽舍内的甲醛气体，然后整理器具，升温，准备进鸡。

106 什么叫带鸡消毒？有什么作用？

带鸡消毒是指在家禽饲养期内，定期用消毒药液对鸡舍、笼具和鸡体进行喷雾消毒。带鸡消毒能有效地杀灭和减少鸡舍内空气中飘浮的病毒、细菌，对预防呼吸道疾病有很好的效果，同时还可起到除尘、降温、清洁鸡体、抑制氨气产生和吸附氨气的作用。

107 带鸡消毒应怎样选择消毒液？

带鸡消毒对药品的要求比较严格，并非所有的消毒药都能用。选用消毒药的第一个原则是必须广谱、高效、强力。第二个原则是对金属和塑料制品的腐蚀性小，对人和鸡的吸入毒性、刺激性、皮肤吸收性小，无异臭，不会渗入或残留在肉和蛋中。

一般可用于带鸡消毒的消毒剂有：强力消毒灵、过氧乙酸、新洁尔灭、次氯酸钠、百毒杀。

108 带鸡消毒药液应如何配制？

配制消毒药液应选择杂质较少的深井水或自来水，水温一般控制在 30～45℃。寒冷季节水温要高一些，以防水分蒸发引起鸡受凉造成鸡群患病；炎热季节水温要低一些，以便消毒同时起到防暑降温的作用；消毒药用水稀释后稳定性变差，应现配现用，一次用完。

109 带鸡消毒应选择什么样的器械，怎样操作？

带鸡消毒的对象包括舍内一切物品、设备和鸡群。消毒器械一般选用雾化效果良好的高压动力喷雾器或背负式喷雾器。消毒时应朝鸡舍上方以画圆圈方式喷洒，切忌直对鸡头喷雾。雾粒大小控制在80～120微米。雾粒太小易被鸡吸入呼吸道，引起肺水肿，甚至诱发呼吸道疾病；雾粒太大易造成喷雾不均匀，鸡舍太潮湿。喷雾距离鸡体50厘米左右为宜，每立方米空间用15～20毫升消毒液。喷雾时按由上至下、由内至外的顺序进行。以地面、墙壁、天花板均匀湿润和家禽体表微湿的程度为止。

110 带鸡消毒应注意什么？

（1）活疫苗免疫接种前后3天内停止带鸡消毒，以防影响免疫效果。

（2）防应激，喷雾消毒时间最好固定，且应在暗光下进行。

（3）消毒后应加强通风换气，便于鸡体表及鸡舍干燥。

（4）根据不同消毒药的消毒作用、特性、成分、原理，按一定的时间交替使用，以防病原微生物对消毒药产生抗药性。

111 为什么要对肉鸡的饮水进行消毒？

畜禽疾病传播的重要途径是通过饮水来传播，许多鸡场的饮水中含有大量的大肠杆菌、霉菌、病毒等。特别到了炎热的夏季，高温高湿，饮水中的各种病原微生物大量繁殖，容易导致各种疾病的频繁发生。所以应定期在饮水中加入有效的消毒剂。目前市场上有许多的消毒剂说明书上宣称能用于饮水消毒，但不能盲目使用，应选择对鸡群肠道有益而且能够杀灭病原微生物的消毒药作为饮水消毒药，而且应无毒、高效、广谱、安全、价廉。饮水消毒时应注意在使用疫（菌）苗前后3天禁用消毒水，以免影响免疫效果。某些消毒药宜现配现饮，久置会失效，如高锰酸钾。消毒药应按规定的浓度配入水中，浓度过高或过低，都会影响消毒效果。饮水中只能放一种消毒药。

112 为什么免疫后的鸡群仍然发病？

免疫鸡群发病主要原因是免疫失败。免疫程序是根据母源抗体而制定的，不同孵化厂生产的鸡雏其母源抗体存在一定的差异。如果同批鸡雏来源于不同种鸡场，即使同时进行免疫效果也不相同，很容易造成免疫失败。

（1）环境因素　控制好温度、湿度、密度、通风、环境卫生及消毒情况等至关重要。恶劣的环境会使鸡群出现不同程度的应激反应而影响免疫效果。

（2）病原变异　疫苗的毒株的血清型与致病病原不同，则免疫效果不理想；鸡群存在鸡传染性贫血因子，马立克氏病、传染性法氏囊病、慢性呼吸道病、禽流感等疾病时，都可能导致免疫失败，因机体本身对疫苗的应答能力下降所致。鸡群接种后需要一定时间才能产生免疫力，而这段时间也正是潜在的危险期，一旦野毒入侵或机体尚未完全产生抗体之前感染强毒，就会导致疾病的发生，造成免疫失败。

（3）滥用药物　在进行疫苗接种时使用消毒药，可杀死疫苗，影响免疫效果，抗病毒西药可造成免疫抑制，影响机体免疫应答能力。疫苗的运输和保存管理不当，甚至失效；接种途径、方法、剂量不正确，同一瓶疫苗持续使用时间过长等，均可导致免疫失败。

113 肉鸡不同阶段发病有什么特点？

在肉鸡生长前期、中期和后期，各有不同的易发病，养殖期间要分阶段抓住重点病，采取相应的防治措施。

（1）饲养前期　肉鸡1～10日龄，主要控制沙门氏菌病和大肠杆菌病。要求从正规的、条件好的孵化场进雏。改善育雏条件，采用暖风炉取暖，减少粉尘污染，保持适宜的温度、湿度，避免温度忽高忽低，以防雏鸡感冒，用药预防要及时，选药要恰当。同时，喂一些营养添加剂，如葡萄糖、电解多维、育雏宝等，以提高雏鸡抗病力，一般用药 3～5 天即可大大降低病死率。

（2）饲养中期　肉鸡 20～40 日龄，主要控制球虫病、支原体病和大肠杆菌病，同时密切注意传染性法氏囊病。改善鸡舍条件，加大通风量（以保证温度为前提），控制温度，保持垫料干燥，经常对环境、鸡群消毒。免疫、分群时，应事先喂一些抗应激、增强免疫力的药物，并尽量安排在夜间进行，以减少应激。预防球虫病，应选择几种作用方式不同的药物交替使用。有条件的采取网上平养，使鸡与粪便分离，减少感染机会。防治大肠杆菌病，要选择敏感度高的药物，剂量要准，疗程要足。避免试探性用药，以免延误最佳治疗时期。使用鸡新城疫疫苗、支气管炎活苗免疫对鸡呼吸道影响较大，免疫后应马上用一次防支原体病的药物。传染性法氏囊病活苗对肠道有影响，易诱发大肠杆菌病，免疫后要用一次修复肠道的药物。如果有传染性法氏囊病发生，应及时用药物治疗，早期可肌内注射高免卵黄抗体。一定要控制住，否则后期非典型新城疫发生的概率很大。在 2 号料换 3 号料期间会出现腹泻和过料现象，建议换料后在饲料里添加中药制剂或微生态制剂，即可调整胃肠功能，又不破坏肠道菌群。

（3）饲养后期　肉鸡 45 日龄至出栏，主要控制大肠杆菌病、支原体病、非典型新城疫及其混合感染。改善鸡舍环境，加强通风。勤消毒，交替使用 2～3 种消毒药，但免疫前后 2 天不能进行环境消毒。做好前中期的新城疫免疫工作。此时预防用药，使用抗生素，并注意停药期。适当增喂益生素，调整消化道环境，恢复菌群平衡，增强机体免疫力。

114 为防止鸡生病，要经常用药，成本太高了，能减少用药吗？

要做到有病早诊治，不滥用药。鸡群发病通常首先表现在几只鸡呈现病态或死亡，对这种鸡，要全面分析。最好请兽医到现场观察并解剖诊断，拿出最佳治疗方案。无法确诊时，应立即送兽医实验室诊断，是细菌病的最好能做药敏试验，是病毒病的要立即隔离并紧急防疫。其他因营养、中毒、寄生虫、应激造成的疾病都要采取相应措施。

115 饲养肉鸡如何减少药物残留？

饲养肉鸡必须从正规企业购进肉鸡雏，好的鸡雏是养好肉鸡的基础，是良好的开端。减少药物残留需要做到以下几项：

（1）严把饮水关 雏鸡 1 周龄内应饮用凉开水，应让其定时饮水，经常洗刷料槽、水槽，保证饲料、饮水卫生，减少感病机会。1 周后可交替使用新鲜井水、自来水、消毒水，不要使用河水、污染水。

（2）合理投喂预防药物 选用无药物残留的禽药防治球虫病，选用休药期短的治疗大肠杆菌病。为减少投药次数和投药量，缩短休药期，就应该按计划、生长日龄、季节投喂一定量的预防药物，避免积蓄性残留，保证肉鸡健康生长。

（3）严格遵守停药规定 肉鸡饲养后期，饲料中不能添加任何药物。在肉鸡出栏前 5 天用消毒药物，营造出一个无疫病传染源、无污染威胁的环境，让鸡长得快，感染疫病机会少。

（4）建立无规定动物疫病区 从绿色饲养认证到防疫卡，从监督饲养监管到出栏检疫，环环相扣、关关不漏。按标准添加药物控制和消灭畜禽传染病。

（5）选择良好的饲养环境 选择远离村庄、地势高燥、通风、排水条件好，有水有电、无污染源的位置建养鸡场。

（6）制订科学的免疫程序 不论是新城疫还是法氏囊病，均应在初次免疫 7 天后再加强免疫 1 次，同时注意采用科学的接种方法。

（7）制订严格的消毒制度 消毒药最少两种以上，交替使用。定期对舍内、外消毒，减少人员、物流的流动，避免疫病的发生。在肉仔鸡饲养过程中，遵循"预防为主"的原则，注重饲养管理，依照国家有关规定，科学合理用药，减少药残。

116 为什么说禽流感在很长一段时间内，是中国养禽生产不得不重点防控的主要疫病之一？

因为禽流感血清型多，种禽厂、商品厂时有发生，其以点暴发为主的发生方式，一旦发生，损失惨重。商品肉鸡的早期感染并形成严重继发呼吸道疾病，成为目前肉鸡饲养不良的主要病因。禽流感通过消化道和呼吸道接触而传染，感染禽可成为水平传播的传染源。其他种类的家禽、外来捕获鸟、野生鸟类及其他动物均可成为传染源。本病潜伏期一般为 3~5 天，常突然发病，鸡只不出现任何症状即死亡。急性病程为 1~2 天，表现为体温升高到 43.3~44.4℃，拒食，精神高度沉郁，冠与肉髯呈黑色，羽毛蓬乱，头颈部常出现水肿，眼睑、肉髯肿胀，眼结膜发炎，分泌物增多。鼻分泌物增多，呼吸困难，常发出"咯咯"声，并有灰红色渗出物，严重者可引起窒息死亡。有的病鸡出现下痢和神经症状，蛋鸡产蛋率下降或停止（图9-2、图9-3）。

图9-2 病鸡冠与肉髯呈黑色
（山东省农业科学院家禽研究所提供）

图9-3 病鸡脚鳞出血
（山东省农业科学院家禽研究所提供）

剖检可见头部、眼周围和肉髯水肿。皮下有黄色胶样液体，颈和胸部皮下水肿和充血。胸部肌肉、脂肪、胸骨内面有出血斑点。口腔、腺胃、黏膜、肌胃角质层下及十二指肠出血。肝、脾、肾、肺出血和坏死。鼻腔、气管、支气管黏膜及肺脏有出血。腹膜、胸膜、心包膜、气囊及卵黄充血和出血。心包腔内或腹膜上有纤维性渗出物。卵巢和输卵管充血、出血（图9-4至图9-6）。

目前，禽流感主要依靠有效的疫苗预防。一旦发生禽流感，应立即采取隔离、封锁、消毒等措施，并将病鸡和死鸡全部焚烧，坚决消灭禽流感，以防扩散。

图9-4　病鸡腺胃乳头、腺胃壁出血
（山东省农业科学院家禽研究所提供）

图9-5　病鸡心脏出血
（山东省农业科学院家禽研究所提供）

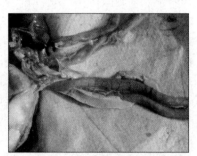

图9-6　病鸡胰脏出血
（山东省农业科学院家禽研究所提供）

117 肉鸡低致病性禽流感怎样防控？

低致病性禽流感主要指 H9N2 亚型，虽然致病性不高，病发时不会导致大批鸡群死亡，但感染该病后会导致鸡群免疫力下降，对其他病原的抵抗力降低，不能有效抵制各种病毒的侵袭，致使发生继发感染，对整个养鸡业危害依然十分严重。

（1）发病原因分析　不良的饲养环境，鸡舍规划建筑不规范，距离工业区或生活区太近，整个鸡场房舍规划不合理，鸡舍太密集，饲养中产生的大量的粪便无法及时处理，病死鸡只不进行无害化处理而随意乱抛，出入人员不进行消毒进入鸡场，养鸡场内混养其他家禽，肉鸡饲养管理不善，鸡舍和病死鸡处理不当或对环境消毒不严、饲料营养不均衡等原因。

（2）防控措施　干净卫生清洁的饲养环境是有效预防疾病暴发的重要措施，根据实际情况做好鸡新城疫、传染性气管炎、支气管炎等疾病的预防性免疫工作，提升鸡群对禽流感的抵抗力和免疫力。在饲料和饮水中添加抗病毒药物，可在一定程度上有效预防鸡群免受禽流感的侵扰。

（3）预防免疫　对鸡群接种禽流感灭活油乳剂疫苗，能有效地预防禽流感的暴发。鉴于 H9N2 的空气传播性，高母源抗体的提供还是有益的。商品肉鸡的疫苗注射时间应依据母源抗体的高低设定。商品肉鸡只免疫一次即可，主要目的是为了保护 25 日龄以后不受感染，而 15 日龄前则依靠母源抗体的保护。

118 肉鸡高致病性禽流感怎样防控？

禽流感是由 A 型流感病毒引起的以呼吸系统症状为主的禽类传染性疾病综合征。高致病性禽流感由 A 型的 H5 或 H7 亚型流感病毒引起，该病一旦暴发，病死率高达 70% 以上，被世界动物卫生组织列为 A 类动物疫病。高致病性禽流感对我国肉鸡产业产生的冲击，及对肉鸡生产、消费和进出口贸易产生的影响极大。

临床上商品肉鸡禽流感疫苗接种一般在 7～10 日龄进行，由于肉鸡生长速度快、饲养周期短、免疫系统不健全以及母源抗体干扰等因素，经禽流感-新城疫重组二联活疫苗（rLH5－6 株）和重组禽流感病毒 H5 亚型灭活疫苗免疫后，均不能取得良好的免疫效果。因此许多养殖户对商品肉鸡选择不免疫。商品肉鸡的 H5 亚型禽流感防控不能完全依赖于疫苗的使用，抓好生物安全措施的落实是防控商品肉鸡高致病性禽流感的最有效途径。因此，应坚持"预防为主"的科学管理制度：①做好禽类的检疫、隔离。②做好鸡场的防鸟、防暑工作。③做好鸡场的隔离，减少外界人员接触鸡群，若必须接触，要认真彻底地消毒。④做好家禽的日常管理与定期消毒。⑤做好抗体的监测和免疫调整。

119 支气管栓塞如何防控？

支气管栓塞是一种病理表现，是一个症候群，不是一种病或病名。当前对商品肉鸡（尤其是白羽肉鸡）来说，支气管栓塞已成为饲养上的主要难题。有人将其致病原因单纯或主要归之于 H9N2 感染，这种认识是错误的。

出现支气管栓塞应判断是有病原参与还是环境失控。防控支气管栓塞的要点：①做好疾病的疫苗免疫工作。②避免患大肠杆菌病。该用的抗生素要用。③鸡群密度大时，一定要防止通风不良。

120 传染性法氏囊病免疫后还发病，怎么办？

必须进行免疫。因为传染性法氏囊病是由病毒引起的雏鸡急性病毒性传染病，以损害机体免疫器官——法氏囊为特征。传染性法氏囊病是一种免疫抑制病，它的发生会导致许多疫苗的免疫失败。

（1）流行特点　本病发病急，鸡 1～100 日龄均可发生，21～35 日龄多发。感染率可达 100%；病死率不等，一般为 10%～20%，高者可达 40%～50%。一年四季均可发生。经呼吸道、消化道感染本病，经常是通过被污染的饲料、饮水、垫料、粪便、尘土、用具、人员衣服、昆虫等而传播。本病感染雏鸡后导致对其他疫病的抑制，并提高对细菌、病毒的易感性，所以本病对养鸡业危害相当严重。

（2）症状　本病往往突然发生，潜伏期短，感染 2～3 天出现临床症状。病鸡表现精神沉郁，头下垂，眼睑闭合，羽毛蓬松，食欲下降或废绝。下痢，呈白色水样稀便，脱水，最后衰竭而死。发病后 1～2 天病鸡死亡增多，且呈直线上升，4～5 天达到死亡高峰，以后迅速下降。病程一般为 1 周，长的可达 3 周。

（3）剖检　病死鸡脱水明显，两腿干枯。大腿内侧点状、斑状出血（图 9-7），严重者大腿外侧、胸肌出血。腺胃、肌胃交界处多见出血斑或出血带。肾肿胀、苍白、输尿管变粗、充满白色的尿酸盐。法氏囊肿大，浆膜下水肿，呈胶冻样。法氏囊外观黄色，囊腔内分泌物为紫红色，严重者整个法氏囊呈紫红色，像紫葡萄一样，整个法氏囊出血（图9-8）。

图9-7 病鸡肌肉出血
（山东省农业科学院家禽研究所提供）

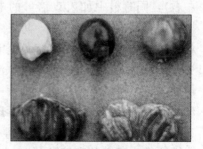

图9-8 病鸡法氏囊出血变化
（山东省农业科学院家禽研究所提供）

（4）免疫接种 选择最佳的疫苗和正确的免疫程序，是预防本病的关键性措施。有条件的要用琼脂扩散法测定鸡群阳性率，以确定免疫时间。无条件进行抗体监测的单位可参考下列免疫程序。一是，种鸡未做灭活苗免疫，也没有感染过鸡传染性法氏囊病病毒的种蛋孵出的雏鸡，首免可于10~18日龄，间隔10天后二次免疫，种鸡还应在18~20周龄和40~42周龄注射组织灭活苗，以提高雏鸡母源抗体水平。二是，雏鸡来源于灭活苗免疫过的种鸡后代，可在2周龄和7周龄时活苗饮水。三是，在鸡传染性法氏囊病病毒严重污染地区，使用组织灭活苗。该苗含有地方变异株在内的混合病毒群抗原，具有特异性强、高效、多价、不受母源抗体干扰、无免疫抑制等优点，对鸡传染性法氏囊病毒野毒株免疫覆盖面宽，能提供较好的交叉保护。方法是：7~10日龄弱毒苗饮水，同时或间隔1周灭活苗注射，种鸡再分别于18~20周龄和40~42周龄注射灭活苗。四是，在鸡传染性法氏囊病疫区首免和二免都要用中等毒力活苗饮水免疫。

（5）加强饲养管理 在料中或水中添加电解多维、维生素C等药物以补充体液，增强体质，防止肉鸡发生腹水；改善环境卫生，提高舍温1~2℃。加强通风换气，并用双链季铵盐或环氧乙烷等消毒剂对舍内外进行喷雾消毒；隔离病禽，消除噪声，避免应激；严格兽医卫生防疫措施。降低饲料中的蛋白含量（减至15%左右），同时料中加入双倍量的电解多维和抗生素，以增强体质，提高抗应激、抗感染能力，防止继发或并发其他疾病，提高免疫后鸡体内抗体水平和增强细胞免疫能力，降低病死率。

（6）对病鸡和发病鸡群紧急治疗　治疗该病时，可视鸡群实际情况而定，但用抗生素防止细菌（如大肠杆菌等）继发感染，用小苏打、乙酰水杨酸钠等肾肿解毒药解除肾肿，用电解多维等药物补充体液，提高机体抵抗力。发病1～2天的鸡群，可肌内注射鸡传染性法氏囊病高免卵黄抗体（雏鸡1.0～1.4毫升/只；30日龄左右的鸡1.8～2.4毫升/只），这时一定要注意加投防治大肠杆菌病的药物；若是发病超过3天的鸡群，一般不建议注射高免卵黄抗体，最好采用中西结合的方法，加投抗生素以防继发细菌感染。

121 注射高免卵黄抗体治疗鸡传染性法氏囊病，发病时应注意什么？

鸡得了传染性法氏囊病时采用高免卵黄抗体进行肌内注射的方法，可取得较好疗效，但需要注意以下几个问题。

（1）使用正规厂家生产的产品，不能使用三无产品。

（2）高免卵黄抗体应做到低温保存和运输，以4～8℃为宜。

（3）高免卵黄抗体的疗效与其使用时间有关。发病初期的鸡群注射高免卵黄抗体，能明显增强疗效，死亡率控制在2%左右，但发病中、后期使用高免卵黄抗体则不太理想。

（4）不可用高免卵黄抗体替代疫苗，高免卵黄抗体在鸡体内的有效期为7～10天。因此，在注射高免卵黄抗体后7天左右，应加强一次鸡传染性法氏囊病疫苗的免疫。

（5）高免卵黄抗体不能与新城疫或鸡传染性法氏囊病弱毒疫苗同时接种。否则，卵黄抗体与疫苗会发生中和反应，从而导致免疫失败。

（6）注射高免卵黄抗体时，可加入适量的广谱抗生素，以控制细菌污染。

（7）高免卵黄抗体的注射量不宜过大。临诊上最佳注射量范围为：雏鸡 1～1.5 毫升/只，成年鸡 2～3 毫升/只，注射量过大不仅起不到作用，反而会造成不良后果，严重时可导致大批死亡。

（8）连续注射时，要注意更换针头，以防交叉感染，加重病情。

（9）水中添加治肾药物，以利于尿酸盐排出。

（10）降低饲料蛋白质水平，用 5% 麸皮替代 5% 豆粕，连用3～5 天。

122 鸡慢性呼吸道病有什么特点？怎样防治？

鸡慢性呼吸道病是由败血支原体引起的一种鸡呼吸道病。其特征是咳嗽、流鼻涕、面部肿胀、呼吸困难并有啰音，病理变化以气囊炎为主。由于病程较长，所以常称为慢性呼吸道病。目前本病在肉鸡中比较普遍。虽有多种高效药物治疗本病，但很难根治，容易复发，且多为隐性感染。本病的发生会给鸡场造成极大的经济损失，已成为目前对养禽业危害最严重的传染病之一。

（1）流行特点　本病是鸡的一种卵传性疾病，可经卵垂直传播。各类型鸡场的鸡群中带菌现象极为普遍。隐性带菌鸡是本病的主要传染源。病原体通过空气中的尘埃或飞沫经呼吸道感染，也可经被污染的饲料及饮水由消化道传播。环境卫生条件差、通风不良、鸡群过密、气雾免疫等因素，均可促使本病的发生。当鸡群发生新城疫、传染性鼻炎、传染性喉气管炎、传染性支气管炎、大肠杆菌病时常引起败血支原体的继发感染或混合感染，加剧了疾病的严重程度，使死亡率增加。

本病一年四季都能发生，但多发生于气候多变和寒冷季节。鸡舍保温性能差、通风不良、潮湿、鸡群营养缺乏、患其他呼吸道疾病等都能诱发或促发本病。

（2）症状　病鸡先是单眼或双眼流泪、充满泡沫，流黏性鼻液，打喷嚏，鼻孔周围、眼角下和颈部羽毛常有灰黄色污物。病程长的眼内干酪物明显鼓起，导致失明（图9-9）。眶下窦肿胀，一侧或双侧肿大使颜面明显肿胀。病鸡呼吸困难，食欲不振，生长停滞，消瘦。成年鸡则产蛋下降。本病主要发生在1～2月龄的雏鸡，成鸡多呈隐性经过。

图9-9　病鸡眼睑肿胀流泪
（山东省农业科学院家禽研究所提供）

（3）剖检　部检可见鼻腔、喉头、气管内有多量的灰白色黏液或干酪样物质。气囊混浊，增厚，囊腔中含有大量干酪样物。腹腔内有一定量的泡沫（图9-10）。本病发生过程中常与大肠杆菌混合感染，在肉用仔鸡尤为严重。剖检见有气囊炎、心包炎、肝周炎、

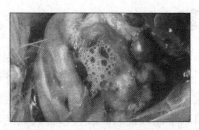

图9-10　病鸡腹腔内有泡沫
（山东省农业科学院家禽研究所提供）

腹膜炎等病变。若本病继发于其他疾病发生过程，则剖检可见原发疾病的病理变化。

（4）防治　本病的发生具有明显诱因和季节性，在秋冬交接和阴雨连绵时最易发生。因此在平时应加强饲养管理，改善鸡舍通风条件，解决好通风与保暖的关系，及时清除鸡粪，控制舍内氨气，经常消毒，做好主要病毒病的防治工作。总之，减少各种应激因素对鸡群的影响是预防本病的关键。

雏鸡可提前预防，出壳后1～3日龄的雏鸡，按0.05％的量饮泰乐菌素；也可在出壳后第一天按每只2 000～5 000单位链霉素滴鼻。

治疗本病可选用泰乐菌毒、红霉素、链霉素、北里霉素、环丙沙星等。病初可单独治疗：每只鸡每日肌内注射链霉素5万～10万单位，连续注射3～5天。大群治疗：氟苯尼考0.1％拌料，

连喂 5～7 天；泰乐菌素，按每千克饲料 0.5 克，拌料或饮水 5 天；红霉素，按每千克饲料 0.2 克拌料或饮水，连用 4～5 天。

选用中草药黄芩、黄檗、甘草、板蓝根等科学配制，具有宣肺平喘、化痰止咳、抗菌消炎之功效。主治鸡慢性呼吸道病、传染性鼻炎等引起的打喷嚏、流泪、咳嗽、气喘、甩头、张口呼吸等症状。

123 怎样治疗肉鸡肾型传染性支气管炎？

以肾病变为主的传染性支气管炎，多见于育雏阶段的鸡，20～40 日龄是高发阶段，病程 3～20 天，死亡率 5%～40%。应激因素对本病有一定的影响，如寒冷、过热、过分拥挤及通风不良等。高蛋白日粮也可提高本病的死亡率。

（1）症状　病鸡排水样稀便，有较多的白色尿酸盐成分，病情严重者排便困难，尖叫，粪便呈细条状，肛门周围粘满白色尿酸盐，甚至脱水、干爪。呼吸道症状不明显，在发病初期呈现一过性。

（2）剖检　可见眼角膜混浊，眼球塌陷，皮下较干燥，胸肌发紫，嗉囊空虚，有少量半透明灰白色黏液。胸腔内和心包内有大量尿酸盐沉积。肾肿大，肾小管和输尿管粗大，整个肾脏充满尿酸盐，肾脏外观呈现"花斑状"（图 9-11）。在直肠后段或泄殖腔内常积有尿酸盐。

图 9-11　病鸡花斑肾
（山东省农业科学院家禽研究所提供）

（3）预防控制　平时加强饲养管理，注意通风换气，防止过冷或过热，增加饮水，防止蛋白质过高，补给充足的维生素 A、维生素 D_3、维生素 E 和微量元素。定期喷雾消毒，可避免本病的发生。免疫时所用疫苗应含肾型毒株。本病发生后可适当投喂抗菌药物，以防继发感染。发病时全群投服肾肿解毒药，能获得很好的防治效果。肉仔鸡在治疗过程中要防止继发大肠杆菌病。

124 肉鸡大肠杆菌病为何难防治？

因为肉鸡大肠杆菌病是鸡的一种原发性或继发性传染病。各种年龄的鸡都可感染发病，但主要侵害幼鸡。病鸡和带菌鸡为主要传染源，可水平传播，也可经卵垂直传播。多数情况下，本病为条件性疾病。在饲养管理较差、卫生状况不好、营养不良以及感染其他疾病时，都可诱发本病。本病常伴发于支原体病、白痢、伤寒、巴氏杆菌病、传染性支气管炎、传染性喉气管炎、鸡传染性法氏囊炎和新城疫等。

图9-12 病鸡排绿色或黄绿色稀便
（山东省农业科学院家禽研究所提供）

（1）临床症状与病理变化

病雏除有卵黄囊病变外，多数发生脐炎、心包炎及肠炎。感染鸡可能不会死亡，常表现卵黄吸收不良及生长发育受阻（图9-12至图9-14）。

图9-13 病鸡心包炎、肝周炎、
腹膜炎
（山东省农业科学院家禽研究所提供）

图9-14 病鸡气囊炎
（山东省农业科学院家禽研究所提供）

①急性败血症：常引起幼雏或成鸡急性死亡。死亡鸡脱水、爪发干。特征性病变是肝脏呈绿色和胸肌充血，肝脏边缘钝圆，外有纤维素性白色包膜。各器官呈败血症变化。也可见心包炎、腹膜炎、肠卡他性炎症等病变。

②气囊炎：主要发生于3～12周龄幼雏，特别是3～8周龄肉仔鸡最为多见。气囊炎也经常伴有心包炎、肝周炎。偶尔可见败血症、眼球炎和滑膜炎等。病鸡表现精神沉郁，呼吸困难，有啰音和喷嚏等症状，鸡冠发紫。气囊壁增厚、混浊，有的有纤维样渗出物（严重者支气管中也有），并伴有纤维素性心包炎和腹膜炎等。

③心包炎：大肠杆菌发生败血症时可发生心包炎。心包炎常伴发心肌炎。心外膜水肿，心包囊内充满淡黄色纤维素性渗出物，心包粘连。

④关节炎及滑膜炎：表现关节肿大，内含有纤维素或混浊的关节液。

⑤眼球炎：是大肠杆菌败血病一种不常见的表现形式。多为一侧性，少数为双侧性。病初畏光、流泪、红眼，随后眼睑肿胀突起。拨开眼，可见前房有黏液性、脓性或干酪样分泌物。最后角膜穿孔，失明。病鸡减食或废食，经7～10天衰竭死亡。

⑥肿头综合征：表现眼周围、头部、颌下、肉垂及颈部上2/3水肿，病鸡喷嚏，并发出咯咯声，剖检可见头部、眼部、下颌及颈部皮下黄色胶样渗出。

（2）预防　优化环境，科学饲养管理，禽舍温度、湿度、密度、光照、饲料和管理均应按规定要求进行。搞好禽舍空气净化，降低鸡舍内氨气等有害气体的产生和浓度是养鸡场必须采取的一项非常重要的措施。加强消毒工作，防止水源和饲料污染，禽舍带鸡消毒有降尘、杀菌、降温及中和有害气体的作用。及时淘汰病鸡，进行定期预防性投药，做好病毒病、细菌病免疫。提高禽体免疫力和抗病力。

（3）药物治疗

①β-内酰胺类抗生素：包括青霉素类（氨苄西林、阿莫西

林）、头孢菌素类。氨苄西林：内服一次量每千克体重 10～25 毫克，或肌内注射一次量每千克体重 10 毫克，一日 2～3 次。阿莫西林＋克拉维酸钾（2～4∶1）：内服一次量每千克体重 10～15 毫克，一日 2 次。头孢噻肟钠：肌内注射每千克体重 2.2 毫克。

②氨基糖苷类：硫酸新霉素，0.05％饮水或 0.02％拌料，丁胺卡那霉素，肌内注射一次量每千克体重 5～7 毫克，连用 3～5 天。安普霉素，混饮每升水 250～500 毫克（效价），连用 5 天。氟苯尼考，内服一次量每千克体重 20～30 毫克，连用 3～5 天。

③抗菌中草药：中草药的抗菌作用一方面通过中草药中含有抗菌物质如小檗碱、大蒜素等植物杀菌素直接作用于微生物；另一方面通过调动机体的免疫系统来杀灭微生物。常用的有黄连、黄芩、黄檗、秦皮、双花、白头翁、大青叶、板蓝根、穿心莲、大蒜和鱼腥草等。

125 怎样防治鸡葡萄球菌病？

鸡葡萄球菌病是由金黄色葡萄球菌引起的一种传染病。葡萄球菌在环境中广泛存在。肉仔鸡对本病较易感。发病时间多在 40～60 日龄，成年鸡较少，地面平养、网上平养较笼养鸡发生多。本病的发生与外伤有关，皮肤、黏膜的完整性遭到破坏等因素可成为发病的诱因。

（1）临床症状

①脐炎：新生雏鸡脐炎可由多种细菌感染所致，其中有部分鸡因感染金黄色葡萄球菌，可在 1～2 天内死亡。临床表现为脐孔发炎肿大、周围发红或发紫，腹部膨胀（大肚脐）等，与大肠杆菌所致脐炎相似。

②败血型鸡葡萄球菌病：该型病鸡生前没有特征性临床表现，一般可见病鸡精神萎靡、食欲不振，低头缩颈呆立。病后 1～2 天死亡。当病鸡在濒死期或死后可见到鸡体的外部表现，在鸡胸腹部、翅膀内侧皮肤，有的在大腿内侧、头部、下颌部和趾部皮肤可见皮肤湿润、肿胀，相应部位羽毛潮湿易掉。

③关节炎：肉仔鸡、肉种鸡的育成阶段多发生关节炎型的鸡葡萄球菌病。多发生于跗关节，关节肿胀，有热痛感，病鸡站立困难，以胸骨着地，行走不便，跛行，喜卧。有的出现趾底肿胀，溃疡结痂；肉垂肿大、出血，冠肿胀有溃疡结痂（图9－15、图9－16）。继发感染，发生鸡痘时可继发葡萄球菌性眼炎，导致眼睑肿胀，有炎性分泌物，结膜充血、出血等。

图9－15　病鸡皮肤出血溃疡

图9－16　病鸡趾底肿胀

（2）病理变化　败血型病死鸡局部皮肤增厚、水肿。切开皮肤见皮下有数量不等的紫红色液体，胸腹肌出血、溶血形同红布。有的病死鸡皮肤无明显变化，但局部皮下（胸、腹或大腿内侧）有灰黄色胶冻状水肿液。如经呼吸道感染发病的死鸡，一侧或两侧肺脏呈黑紫色，质度软如稀泥。内脏其他器官如肝脏、脾脏及肾脏可见大小不一的黄白色坏死点，腺胃黏膜有弥漫性出血和坏死。关节炎型见关节肿胀处皮下水肿，关节液增多，关节腔内有白色或黄色絮状物。

（3）防治　加强兽医卫生防疫措施是提高疗效的重要保证。金黄色葡萄球菌对药物极易产生抗药性，在治疗前应做药物敏感试验，选择有效药物全群给药。实践证明，庆大霉素、卡那霉素、恩诺沙星、新霉素等均有不同的治疗效果。

严重病例可经肌内注射给药。用庆大霉素每只鸡3 000单位或卡那霉素每只鸡10 000单位，每天1次，连用3天，当鸡群死亡明显减少、采食量增加时，可改用口服给药3天以巩固疗效。

126 预防球虫病有什么好方法吗？肉鸡得了球虫病怎样治疗好？

鸡球虫病是幼鸡常见的一种急性流行性原虫病，以20日龄以前的雏鸡最易感染，春、夏季多发，发病率和死亡率均较高。由于球虫耐药性强，不少抗球虫药开始应用时有效，不久就出现了耐药虫株，效果逐渐下降，有的甚至被淘汰，给球虫病的防治带来了不少的困难。在治疗时注意以下几个问题：

（1）分清病原　病原为艾美耳球虫，我国已报道的有7种，即柔嫩艾美耳球虫、毒害艾美耳球虫、堆形艾美耳球虫、巨型艾美耳球虫、哈氏艾美耳球虫、缓艾美耳球虫和早熟艾美耳球虫。柔嫩艾美耳球虫寄生在盲肠黏膜内，称盲肠球虫；毒害艾美耳球虫寄生在小肠中段黏膜内，称小肠球虫；其他种球虫致病性较小，均寄生在小肠内。

（2）了解球虫的生活史　球虫卵的形态呈卵圆形、圆形或椭圆形。鸡球虫的发育要经过3个阶段：无性生殖和有性生殖阶段是在肠黏膜上皮细胞内进行的，孢子生殖阶段是在体外形成孢子囊和孢子，而成为感染性球虫卵。鸡球虫的感染过程是：从粪便排出的卵囊在适合的温度和湿度下，经1～2天发育成感染性卵囊。这种卵囊被鸡吃了以后，子孢子游离出来，钻入肠上皮细胞内发育成裂殖子（无性生殖）、配子、合子（有性生殖）。合子周围形成一层被膜，被排出体外。鸡球虫在肠上皮细胞内不断进行有性和无性生殖，使上皮细胞遭受到严重破坏，遂引起发病，肠道出血，随粪便排出。

（3）根据症状和剖检早确诊

①急性型：急性型病程为2～3周，多见于雏鸡。发病初期精神沉郁，羽毛松乱，不爱活动；食欲废绝，鸡冠及可视黏膜苍白，鸡爪苍白或发灰，逐渐消瘦；排水样稀便，并带有少量血液。若是盲肠球虫，则粪便呈棕红色，以后变成血便（图9-17）。雏鸡死亡率高达50%以上。

②慢性型：多见于 30～40 日龄的雏鸡或成鸡，症状类似急性型，但不明显。病程也较长，拖至数周或数月。病鸡逐渐消瘦，间歇性下痢，但较少死亡。

③病理变化：死鸡消瘦，黏膜和鸡冠苍白或发青，泄殖腔周围羽毛被粪便污染，往往

图 9-17　病鸡粪便呈棕红色
（山东省农业科学院家禽研究所提供）

带有血液。内脏的主要变化在肠道，肠道病理变化的部位和程度与病原种类有关。柔嫩艾美耳球虫主要侵害盲肠，急性型时两根盲肠显著肿大 3～5 倍，肠内充满凝固的或暗红色血液，肠上皮变厚并有糜烂，直肠黏膜可见有出血斑，死鸡外观肌肉苍白，全身性贫血（图 9-18、图 9-19）。毒害艾美耳球虫损害小肠中段，这部分肠管扩张、肥厚、变粗，严重者坏死。肠管中有凝固血条，使小肠在外观上呈现淡红色或黄色。巨型艾美耳球虫主要侵害小肠中段，肠管扩张，肠壁肥厚，内容物黏稠，呈淡灰色、淡褐色或淡红色，有时混有很少的血。堆型艾美耳球虫多在上皮表层发育，而且同期发育阶段的虫体常聚集在一起。因此被损害的十二指肠和小肠前段出现大量淡灰色斑点，排列成横行，外观呈阶梯样。哈氏艾美耳球虫主要损害十二指肠和小肠前段，特征性变化是肠壁上出现针头大小

图 9-18　病鸡肠道出血（一）
（山东省农业科学院家禽研究所提供）

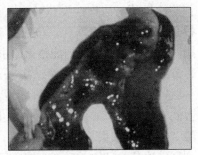

图 9-19　病鸡肠道出血（二）
（山东省农业科学院家禽研究所提供）

的红色圆形出血点，黏膜有严重的卡他性炎和出血。

（4）搞好环境卫生，消灭传染源　这是预防球虫病最主要的措施。球虫病主要是通过粪便污染场地、饲料、饮水和用具而传播，因此，搞好鸡群的环境卫生是防治球虫病的中心环节。通常球虫卵囊随粪便排出后，在外界一定条件下，需经1～3日才能发育成有感染性的孢子卵囊，因此，鸡场中的粪便如能每天清除，可以大大减少发病率。育雏最好采用网上育雏法，使雏鸡不与粪便接触。育雏室及青年鸡舍在使用前要彻底消毒，空舍、地面、墙壁、饲养管理用具等用热碱水消毒；有运动场者，要铲除老土换新土；垫料要勤换，保持干燥，饮水器要防止漏水、溢水；饲养管理人员出入鸡舍应更换鞋子，外来技术人员更应更换。在发病场，污染的垫料要集中烧毁，饲养用具用5%的漂白粉或20%生石灰水浸泡消毒，粪便宜堆集进行发酵处理，死鸡要烧掉或深埋。

（5）提前对球虫病进行药物预防　要完全防止球虫卵囊侵入鸡场是很困难的，因此，球虫病的预防还是离不开投放药物。过去球虫病多发生于15日龄以后的雏鸡，所以一般从第3周起开始添加预防性药物。但现在球虫病的发生已经提前，笔者曾遇到8日龄雏鸡发生盲肠球虫，所以应根据当地球虫病的发生情况和饲养条件提早投药，可在7～9日龄就开始投药预防。但要注意浓缩料或预混料中是否添加了抗球虫药物，以免重复应用引起中毒。

（6）预防性投药与治疗性投药　根据抗球虫药的不同特性进行预防性投药与治疗性投药，这样应用有的放矢，效果较好。预防性投药一般选用地克珠利、马杜拉霉素、盐霉素等抗球虫药。治疗性用药必须选用在短期内能杀灭原虫的药物，如球毙特、三字球虫粉、复方敌菌净、复方泰灭净、盐霉素等。由于球虫生活史的特殊性，一般抗球虫药的疗程为3天，间隔2天，再用3天，在临诊实践中可收到较好效果。如用磺胺类抗球虫药，首次用量一定要足，疗程一般3～5天，如果只用药1～2天，看到病症减轻就停药，不但达不到彻底治疗的目的，反而会导致耐药性虫株的出现而影响疗效。

（7）轮换交叉用药　由于球虫几乎对所有的抗球虫西药都会产

生强弱不等的耐药性，长期连续应用一种抗球虫药，会使球虫产生耐药性，导致药物药效下降，甚至失效。为防止耐药性的产生，在轮换交叉使用抗球虫药时，一般先使用作用于第一代裂殖体的药物，后换用作用于第二代裂殖体的药物。更替使用不同的药物，一批鸡可应用 3 种以上抗球虫药。

（8）减轻球虫药的不良反应　如鸡群血便严重时，配合使用青霉素或氨苄西林等抗菌药物，可促进肠道功能的恢复，配合维生素 K_3，可迅速止血；应用磺胺类抗球虫药时，会抑制合成维生素 B_1 和维生素 K 的微生物，引起机体维生素 B_1 和维生素 K 的缺乏，所以应及时添加复合维生素 B_1 和维生素 K，同时还应注意配合应用碳酸氢钠或肾肿解毒药等，以减轻药物对鸡肾脏的不良反应。

（9）防止中毒　盐霉素、球痢灵、马杜拉霉素等容易引起鸡只中毒，一定要按要求使用。长期大量应用磺胺类抗球虫药容易引起鸡啄羽癖，因此一次连续使用不应超过 5 天。

（10）注意用药途径　由于鸡发生球虫病时食欲减退，严重者食欲废绝，但饮欲增强，因此治疗球虫病时最好选用水溶性抗球虫药，通过饮水途径给药。平时预防用药，一般采用拌料途径，要求拌料均匀。

（11）注意与肠炎的混合感染　有些养鸡户只要一发现鸡粪便中有杏黄色或粉红色样就认为是球虫病，如果单纯按球虫病治疗往往效果不理想，实际情况是小肠球虫和肠炎混合感染，如联合应用抗球虫和抗生素药物，则能取得较好的效果。

（12）后期忽视盲肠球虫的防治　有些养殖户总认为球虫在前期发病，忽视 40 日龄以后的鸡的防治，笔者遇到多起后期由于盲肠球虫暴发引起的疾病，由于后期鸡舍内粪便、羽毛较多，血便不易观察，很容易错过最佳治疗时机，后期死亡的鸡如发现全身贫血，应及时剖检确诊。

（13）应用中药防治　由于西药容易产生耐药性、药物残留，影响出口，出口肉鸡可用常山、青蒿、地榆炭、白茅根、柴胡、苦参、甘草等制成抗球虫口服液（抗球宁）来防治球虫。

（14）辅助治疗　对于小肠球虫后期，肠腔内已充满脓血时，可以应用泻药硫酸钠，30日龄左右的患鸡按每2000只一次用500克硫酸钠饮水，连用2天，以便迅速排除肠内便血，以利药物吸收发挥治疗作用。

（15）应用球虫疫苗　选择免疫效果好的球虫疫苗可以节省药费，提高鸡群成活率。但应注意正确使用，雏鸡采食后可在1～3日龄内采用拌料法应用，先用少量凉开水稀释疫苗，再反复喷到饲料中，充分拌匀，让卵囊与饲料混合均匀，任鸡采食，免疫3周内不能使用磺胺类和抗球虫药物。

127 怎样防治散养鸡的绦虫病？

散养鸡由于长期在地面活动，采食昆虫，容易感染绦虫病。

（1）临床症状　感染前期没有临床症状，后期病死鸡消瘦，食欲减退，两翅下垂，羽毛蓬松，鸡冠苍白（图9-20）。严重感染的呈现消化障碍，粪便稀薄或混有淡黄色血样黏液，有的发生便秘。不治疗则大批死亡。

图9-20　鸡冠苍白

（山东省农业科学院家禽研究所提供）

（2）剖检变化　病死鸡尸体消瘦，剖检可发现虫体（图9-21），最长达4厘米，肠黏膜肥厚，有出血点，肠管黏液增多、恶臭，黏膜增厚，严重病鸡，虫体阻塞肠道。脾脏肿大。肝脏肿大呈土黄色，易碎，后期病鸡腹腔充满腹水。

图9-21　绦虫成虫
（山东省农业科学院家禽研究所提供）

（3）防治措施　①改善环境卫生，在鸡舍附近，主要是运动场上填塞蚁穴，用敌百虫作舍内外灭蝇、灭虫工作，翻耕运动场，并撒草木灰等。粪便堆肥处理。鸡群转移到未污染的树林。②药物治疗：阿苯达唑片每千克体重20毫克，连用4天，停3天，再用3天。每100千克水中加氨苄西林10克，连用3天。③增加饲料营养，降低麸皮用量，增加玉米用量，饲料中添加优质多维。

（4）预防　树立科学的饲养管理观念，散养鸡相对于离地饲养活动空间大，能充分运动，抵抗力强，但并不等于不发病，因此该防疫的必须防，该使用的药物必须用。寄生于家禽肠道中的绦虫，种类多达40余种，其中最常见的是戴文科赖利属和戴文属及膜壳科剑带属的多种绦虫，均寄生于禽类的小肠，主要是十二指肠。离地饲养的发病少，散养鸡发病较多。应保持环境干燥。

多发季节提前预防，家禽的绦虫病分布十分广泛，危害面广且大。感染多发生在中间宿主活跃的 4～9 月。各种日龄的家禽均可感染，但以雏禽的易感性更强，25～40 日龄的雏禽发病率和死亡率最高，成年禽多为带虫者。饲养管理条件差、营养不良的禽群，本病极易发生和流行。预防本病可在 60 日龄和 120 日龄各预防性驱虫一次。阿苯咪唑按每千克体重 10～20 毫克，一次口服，硫氯酚（别丁）按每千克体重 100～150 毫克，口服，隔 4 天同剂量再服一次。氯硝柳胺（灭绦灵）按每千克体重 50～100 毫克，一次口服。吡喹酮按每千克体重 5 毫克，一次口服，为首选药。

128 肉鸡腹水症有什么症状？怎样防治？

肉鸡腹水症是危害快速生长幼龄肉鸡的、以浆液性液体过多地聚积在腹腔为特征的非传染病。本病全年均有发生，但多见于冬、春季节。主要危害快速生长的幼龄仔鸡，以 4～5 周龄多发。发病率因各地环境不同而不等，病死率高者可达 100%，病程 7～10 天。

（1）病因　发病原因很复杂，环境缺氧、氨气或二氧化碳含量高是发病的主要原因。此外，饲料能量和蛋白质含量过高或饲料中食盐含量过高，都能导致腹水产生。

（2）症状　病鸡食欲减退，体重下降。最典型的临床症状是病鸡腹部膨大，腹部皮肤变薄、发亮，用手触压时有波动感。病鸡不愿站立，以腹部着地，喜躺卧，行动缓慢，似企鹅走动，体温正常，羽毛粗乱，两翼下垂，生长滞缓，反应迟钝，呼吸困难。严重病例皮肤发绀，抓鸡时可突然抽搐死亡。

（3）剖检　病死鸡可见腹部肌肉严重瘀血，腹腔内积留大量淡黄或浅褐色清朗液体，有的腹水中有纤维蛋白凝块。心脏肥大松软，心腔充满不凝固血液，左心扩张、柔软，心包积液增多、呈胶冻样，心肌有明显蜡样坏死、充血水肿。肝脏充血肿大，被膜增厚，覆有一层灰白色或淡黄色、胶冻样薄膜。

（4）防治 改善环境条件和饲养管理。减少应激，这是防治本病的关键措施。14日龄之前，饲料中蛋白质和能量不宜过高。控制光照，有规律地采取23小时光照加1小时黑暗饲养法。鸡舍内应保持适宜的温度和良好的通风换气条件，确保氧气充足，严防氨气和二氧化碳气体蓄积。合理搭配饲料。供给全价的优质饲料，减少高油脂饲料，用粉料而不用颗粒料，补充足量的维生素E、硒和磷。在本病高发季节减少能量和蛋白质含量。按每吨饲料500克补充维生素C。早期限饲，控制生长速度。3周龄以后喂低营养水平的饲料可预防本病。给病鸡口服氢氯噻嗪，每只50毫克，每天2次，连服3天，有一定疗效。有严重腹水的病鸡，可用消毒注射器将腹水抽出，然后向腹腔内注入青霉素、链霉素、庆大霉素等抗菌药物。也可用腹水消、利尿药等进行治疗。

129 禽腺病毒病有什么特点？怎样防治？

禽腺病毒能引起包涵体肝炎、心包积液、肌胃糜烂等病变。1987年在巴基斯坦安卡拉地区的肉鸡场暴发了一种以心包积液为特征的疾病，称为心包积液综合征，又称安卡拉病，该病后来蔓延至全国，给当地的肉鸡养殖业造成了极大的损失。随后心包积液综合征在科威特、伊朗、日本、墨西哥等地相继发生。经研究证实，这些地区的心包积液综合征均由Ⅰ群禽腺病毒的血清4型引起，是一种死亡快、病死率高、剖检以心包积液为主要病变特征的传染病。

（1）流行特点 禽腺病毒属病毒，广泛存在于多种家禽的眼睛、上呼吸道及消化道内，大多数呈隐性感染或与其他疾病共同作用引起家禽发病或死亡。感染宿主也扩大到蛋鸡、麻鸡、白羽肉鸡、三黄鸡、土鸡等品种。主要感染1～3周龄商品白羽肉鸡、817肉鸡、麻鸡，青年鸡和产蛋鸡感染后症状较轻，给当前家禽养殖业带来巨大危害。

（2）症状 该病没有明显的临床症状，个别鸡在死亡前出现精神沉郁、羽毛卷曲、体温升高、积聚堆积、食欲下降、精神不振

（图 9-22）、垂头闭眼等不良表现，呈急性死亡。

（3）剖检　病死鸡剖检主要为心包腔中蓄积有大量的淡黄色水样或胶状液体，偶见心包有绿色液体，肝脏充血肿大、质脆色淡，心肌松弛，脾脏、肾脏充血肿大，肺脏水肿个别病例出现法氏囊肿大以及肠道血管堵塞。

图 9-22　病鸡精神沉郁
（山东省农业科学院家禽研究所提供）

（4）防治　本病目前尚无有效的治疗措施，但提高机体免疫力可以增加其抗病能力。临床上以抗病毒、保肝、祛痰、抗氧化、利水为理念，添加优质电解多维和葡萄糖，适当投服抗生素控制细菌感染。有条件的场地可以采用感染后的种鸡所产的蛋制备卵黄抗体，对发病鸡进行注射也有一定的治疗效果。当前，养殖场要注意并重视做好日常的健康检查与疫病防控工作，改变老观念，切莫等到疫病发生之后才采取措施治疗，要及时淘汰病鸡，做好后期无害化处理工作，避免带病鸡成为新的传染源。

130　为什么肉鸡饲养后期要健肾？

近几年，随着肉鸡业的迅猛发展，鸡的肾脏疾病已成为鸡病中不可忽视的一种疾病。许多鸡群后期出现肾肿、尿酸盐沉积，严重影响鸡的代谢，使生长缓慢。因此后期必须健肾。

（1）肾脏功能　肾脏是泌尿系统的重要器官。肾有三项主要功能：滤过、排泄或分泌、吸收。维持水、电解质平衡，清除体内的废物、毒物和药物，保持体内酸碱平衡，它能分泌多种激素来调节鸡体正常生理活动。

（2）引起肾脏疾病的因素　鸡肾型传染性支气管炎，鸡传染性法氏囊病，雏鸡白痢，长期维生素 A 缺乏或维生素 A 和维生素 D 过量，饲料中蛋白质含量长期过高或蛋白质质量低引起，滥用药物或长期使用磺胺类药物，饲养管理因素，冷热应激，饮水不足，密度过大，运动不足等，均是引起肾脏疾病的因素。

（3）防治措施　首先根据鸡群发病情况，找出引起尿酸盐沉积的病因，及早地进行对症防治。

预防接种：由于传染性疾病如肾型传染性支气管炎、鸡传染性法氏囊病等是造成尿酸盐沉积的主要原因，所以应按照其免疫程序选择相应的疫苗进行预防接种。

加强管理：供给充足的清洁饮水，定期对环境消毒，保持鸡舍清洁，避免潮湿，密度适宜，让鸡群有充足的活动场地，及时通风换气。

注意营养因素的平衡：雏鸡开食前先饮水溶性电解多维或白糖水，3～4小时后再喂玉米渣或小米，目的是降低蛋白摄入量，前期饲料蛋白不宜太高。第1周内最好不用磺胺类药物。由于饲料霉变或长期保存或高温高湿造成维生素A的效价降低，应及时向饲料中补充维生素A，可在每千克饲料中添加维生素A 5 000国际单位，维生素D 3 500国际单位。调整好饲料中食盐和钙、磷的含量，尤其是食盐的含量不能过高，在饲料中食盐含量不能超过0.5%。雏鸡料中钙不能超过0.6%。

（4）药物治疗　在疾病易发阶段，有针对性地投药预防。前期应利尿排石，为防止严重脱水，应及时补充补液盐或水溶电解多维；后期因脱水过多，不宜再用利尿药物，可试用中药。用桔梗、菊花、麦冬各30克，黄芩、麻黄、杏仁、贝母、桑白皮各25克，石膏20克，甘草10克，水煎取汁，对水供500只鸡饮用，每日1剂，连用5～7天。对于严重肾肿或痛风者，应禁止使用碳酸氢钠治疗，因为碳酸氢钠能使尿液呈强碱性，此将为结石的形成创造条件，应使用使尿液酸化的药物以溶解肾结石，保护肾脏。可在饲料中添加0.5%～1%氯化铵或0.5%硫酸铵。也可在水中添加肾宝。或用车前草、金钱草煎水饮服，每千克体重0.5克，每天2次，连用3～5天。

在用药物治疗其他疾病时，要注意其不良反应，特别是对肾脏损伤大的药物应慎用。如必须使用，时间不应超过 5 天。用于预防的药物，应严格控制剂量和使用时间，特别是磺胺类。因为多数药物是通过肾脏排出体外的，某些药物即使对肾脏无害，若长期使用治疗量也可能影响肾脏的功能。

131 肉鸡 1～10 日龄啄毛是怎么回事？

肉鸡啄毛症是鸡啄癖恶习之一，常发生于大批量群养的商品肉鸡，特别是生长速度快的肉用品种，如 AA 鸡、艾维茵，易发日龄为 6～25 日龄。肉鸡出现啄羽、流血等现象的主要原因包括：①饲料中营养失衡，特别是必需氨基酸、微量元素等配比不合理。②饲养密度大，如每平方米超过 20 只以上，则活动受到限制，空气变浊、温度增加，40％的鸡会出现脱毛。③感染了寄生虫，垫料比较潮湿，并且肉眼可见到垫料中的各种寄生虫。④光线太强。⑤长期使用磺胺类药物。⑥料桶和饮水器不够，鸡只采食拥挤也会造成啄毛。

防治办法：改变饲料配方，饲喂全价配合饲料，同时水中加入0.2％～1％食盐，每天饮 2 次；合理安排饲养密度，根据肉鸡生长的不同周龄、不同季节进行调整，每平方米可饲养 3 周龄鸡 20 只、5 周龄鸡 15 只、6 周龄鸡 10～12 只；配足料桶、饮水器，为使鸡只采食时不拥挤，应保证鸡有足够的采食空间，即指鸡采食时按不同的日龄肩部宽度确定；适度调整光照，光照能促进采食、刺激生长，但光线太强时，鸡易患恶癖。故光线要强弱适度，一般 2 周龄内 10～20 勒克斯，以后改为 5～10 勒克斯，严重者用遮阳网遮光。磺胺类药物应用 5 天后应停用。

132 怎样防治鸡黄曲霉毒素中毒？

黄曲霉毒素中毒是一种危害较大的中毒病。其主要特征是危害肝脏、全身性出血、腹水、消化机能障碍和神经症状。各种饲料成分（谷物、饼类）或混合好的饲料污染黄曲霉菌后，便可发霉变质，产生大量的黄曲霉毒素。鸡只食入这种饲料即可中毒。2～6

周龄雏鸡最敏感，饲料中只要有微量毒素即可引起中毒，且发病较重。

（1）症状 雏鸡多呈急性经过，病初期开始减食，精神不振，翅膀下垂，羽毛松乱，行动无力，伸颈张口呼吸，并逐步出现呼吸困难、喘、气管湿啰音、叫声沙哑等症状，病鸡粪便稀、白绿色，病程长达 10 余天，严重的病鸡死亡率高达 40%。剖检病死鸡气管内有少许分泌物，气囊膜上形成许多白色、灰白色大小不等、扁圆形的霉菌斑，以胸气囊和腹气囊最为严重，霉菌斑多的可以连成一片，形成大的霉菌斑块。肺脏充血深红，个别病例霉菌斑侵害肺实质。肝脏黑紫，消化道有卡他性炎症。

（2）预防与治疗 不用霉变的锯末、麦秆、稻草作养鸡垫料，防止饲料霉变，确保鸡舍通风良好，鸡群密度适宜，被霉菌污染的房舍养鸡要彻底消毒，可以预防本病发生。另外，不滥用抗菌药，防止二重感染，也是预防本病发生的重要措施。发病鸡群应针对致病原因采取措施，清除霉变物质。鸡舍用 2% 的过氧乙酸或 4% 的甲醛溶液喷洒或熏蒸，彻底消毒。降低鸡群密度，确保鸡舍空气新鲜。青霉素与链霉素联合饮水给药，一日 2 次。饲料中加制霉菌素，每只鸡每天 5 000 单位，或按 0.01% 的比例配料，连用 3～5天。霉菌眼炎的病鸡，可从眼角前侧轻轻向后赶压结膜上的干酪样物质，取出后用眼药水点滴 1～2 次，即可治愈。

133 怎样防治鸡马杜拉霉素中毒？

由于许多饲料厂家在饲料中添加马杜拉霉素，养殖户在不了解的情况下又用此药，或用药剂量过大，或拌料不均，引起中毒；对药物的有效成分不了解，如商品名为克球皇、抗球王、灭球净、杀球王等的有效成分都是马杜拉霉素，如果重复应用这些药物，可引起中毒。

（1）症状和病变 轻度中毒者，表现为食欲锐减，互相啄羽，精神沉郁，死亡较少；严重中毒者，鸡突然死亡，精神沉郁，鸡脖后扭、转圈或两腿僵直后伸；有的胸部伏地，少数鸡兴奋异常，乱扑狂舞、原地转圈，后期两腿瘫痪。剖检可见鸡胸肌、腹肌、腿肌均有程度不等的出血、充血；肝脏肿大，有出血斑点；心肌表面有出血，肠黏膜弥漫性出血。

（2）防治　立即停用马杜拉霉素，改用5％葡萄糖和维生素C饮水；重症鸡肌内注射维生素C注射液；饲料中添加复合维生素和抗应激药物。为了防止中毒发生，必须严格控制马杜拉霉素的用药剂量，连续用药不得超过5天，熟悉含马杜拉霉素药物的商品名，避免造成重复用药。

134 怎样防治肉鸡维生素 E 缺乏症？

维生素 E 又称生育酚，与动物的生殖功能有关，具有很强的抗氧化作用，保持某些细胞膜不被氧化破坏，可增加体液免疫反应，维持肌肉和外周血管的结构和功能。缺乏时能引起鸡脑软化症、渗出性素质和白肌病。

（1）病因　饲料中多种维生素添加量少或多维素质量差，未添加青绿饲料。饲料储存时间过长，特别是豆粕等。由于籽实饲料富含维生素 E，但一般条件下保存 6 个月，维生素 E 就会损失 30％～50％。饲料受到矿物质和不饱和脂肪酸氧化，使维生素 E 受到破坏。饲料中缺硒，需要较多的维生素 E 去补偿，导致维生素 E 的缺乏。

（2）症状与剖检病变　雏鸡脑软化症，主要发生在 15～30 日龄之间，病雏呈现共济失调，头向后或向下挛缩，有时向一侧扭转，步态不稳，时而向前或向侧面冲去，两腿阵发性痉挛或抽搐，翅膀和腿发生不完全麻痹，最后衰竭死亡。剖检主要病变在小脑，小脑发生软化和肿胀，脑膜水肿，小脑表面常见有散在的出血点，有时有血栓坏死。小鸡的渗出性素质，是雏鸡或育成鸡因维生素 E 和硒同时缺乏而引起。其特征症状是颈、胸部皮下组织水肿，呈现紫红或灰绿色，腹部下蓄积大量液体，致使病鸡站立时两腿远远叉开。剪开皮肤时，流出一种淡蓝绿色黏性液体，胸部和腿部肌肉及肠壁有出血斑点，心包积液，心脏扩张。肌肉营养不良（白肌病）。

幼鸡缺乏维生素 E、微量元素硒和氨基酸，如蛋氨酸、胱氨酸、半胱氨酸等可发生白肌病。病鸡胸肌、骨骼肌和心肌等肌肉苍白贫血，并有灰白色条纹。

（3）防治　雏鸡脑软化症。每只鸡每天一次口服 5 国际单位维生素 E，连服 3～5 天，饲料中添加 1～2 克维生素 E 粉。对渗出性素质症，除用维生素 E 外，还应补充硒制剂，每千克饲料 0.05～0.1 毫克。发生白肌病时，应补充含硫氨基酸，每千克饲料 2～3 克，连用 2 周。防止饲料存放时间过长，配制饲料应全价。

135 肉鸡痛风是什么原因引起的？怎样预防？

鸡痛风是由于体内蛋白质的代谢发生障碍而引起的疾病。各种年龄的鸡都能发生，其特征是血液中尿酸水平增高，尿酸以尿酸盐的形式在关节囊、关节软骨、心脏、肝脏、肾小管、输尿管中广泛沉积。

（1）病因

①高蛋白饲料：饲料中蛋白质含量过高、能量偏低，长时间饲喂，鸡本身维持和生产利用不完。饲喂蛋白质饲料，特别是动物内脏、肉骨粉、鱼粉、豆饼等富含蛋白质和核蛋白的饲料，在生理上对肾脏带来很大的负担，容易诱发痛风，如用雏鸡料喂青年鸡。

②饲料中高钙低磷：如后备鸡过早使用蛋鸡料、用蛋鸡料喂雏鸡和肉仔鸡、用石灰石粉代替骨粉等都能引起痛风。

③饲料中缺乏维生素 A 和维生素 D：维生素 A 能维持上皮细胞的正常功能，缺乏时食道、气管、眼睑及肾小管、输尿管的黏膜角质化、脱落，致使肾小管、输尿管尿路障碍而发生肾炎。种鸡缺乏维生素 A 时，孵出的雏鸡往往易患痛风，严重时一出雏就患病死亡。维生素 D 促进钙磷吸收和代谢。

④肾功能不全：引起肾功能不全的因素有中毒和疾病。如磺胺类药中毒、霉玉米中毒等。肾型传染性支气管炎、鸡传染性法氏囊病、包含体肝炎、鸡白痢、传染性肾炎、大肠杆菌等疾病都可能继发或并发痛风。

⑤饲养管理差：鸡舍潮湿阴冷，饲养密度大、鸡群缺乏运动和光照、日粮不足等。

⑥缺水：由于孵化温度高，湿度低，长途运输，特别是夏季开饮过迟、育雏温度过高等使雏鸡喝不到足够的水，呈现脱水状态时，尿液浓缩，致使尿酸盐沉积在输尿管内。

（2）症状 病鸡精神萎靡不振，嗜睡，鸡冠萎缩及褪色，食欲降低，渴欲增加；羽毛松乱，逐渐消瘦；腹泻，排白色半黏液状稀粪，肛门收缩无力，肛门周围的羽毛黏有白色的粪污。发生关节型痛风时，病鸡脚趾和腿部关节发生肿胀，跛行，呈现蹲坐、独立姿势。

（3）剖检 内脏型痛风的病鸡，剖检时肾苍白肿大，表面尿酸盐沉积形成白色斑点（图9-23）。输尿管扩张变粗，管腔中充满石灰样沉淀物，严重的病鸡在肝、心、脾、肠系膜及腹膜的表面覆盖一层粉末状或薄片状的尿酸盐沉积物，有反光性。关节型痛风的病鸡关节肿胀，形成结

图9-23 病鸡尿酸盐沉积
（山东省农业科学院家禽研究所提供）

节，切开内有灰黄色干酪样尿酸盐结晶。

（4）防治 采用肾肿解毒药疏通输尿管，减少尿酸盐在体内的沉积。阿托品每日每只0.2～0.5克，每日2次口服，此药能增强尿酸的排泄及减少体内尿酸的蓄积和关节疼痛。育雏时注意防寒保暖及垫料卫生。长途运输时应尽量避免脱水，到达鸡舍后先饮雏鸡开食补盐液，2～3小时后再喂料。在使用磺胺类药时要防止过量，当疑为痛风症发生时，应停止使用磺胺类药物。注意防止饲料霉变，不饲喂变质饲料。饲料存放时间过长时会降低维生素A的效价，发生肾肿或疫病时及时补充维生素A。痛风症严重时应降低饲料中粗蛋白的含量，增加维生素含量。防止日粮中高钙低磷，注意

各期钙磷含量，及时调整饲料配方。种鸡饲料中维生素 A 的含量一定要足够。

136 肉鸡健康养殖禁用的兽药有哪些？

整个饲养期，国家禁止使用的药物有克球粉、球虫净（尼卡巴嗪）、灭霍灵、氨丙啉、枝原净、喹乙醇、螺旋霉素、四环素、磺胺嘧啶、磺胺二甲嘧啶、磺胺二甲氧嘧啶、磺胺喹噁啉。国家明令禁用药物有氯霉素、呋喃唑酮、性激素类、氯丙嗪、甲硝唑等促生长药物。肉鸡 25～40 日龄内可用药物（40 日龄后禁用）有磺胺对甲氧嘧啶、磺胺甲基异噁唑，肉鸡宰前 14 天禁用药物有青霉素、卡那霉素、链霉素、庆大霉素、新霉素，肉鸡宰前 14 天根据病情可继续使用的药物但其药量按规定要求使用的有土霉素、多西环素、北里霉素、红霉素、恩诺沙星、环丙沙星、氧氟沙星、泰乐菌素、氟哌酸。预防球虫病可选用，但宰前 7 天停药的有二硝苯、酰胺、氯苯胍、拉沙里霉素、马杜拉霉素、三嗪酮；宰前 7 天停用一切药物，饲料中也不得含有任何药物添加剂。

137 病死家禽有哪些无害化处理方法？

病死动物的无害化处理，一直是社会各界关注的热点问题。目前，对动物尸体进行处理的常见方法有掩埋处理法、焚化处理法、化尸井处理法、化制法、生物发酵法和堆肥法等。

（1）掩埋处理法　是按照相关规定，将动物尸体及相关动物产品投入化尸窖或掩埋坑中并覆盖、消毒，发酵或分解动物尸体及相关动物产品的方法。本法不适用于患有炭疽等芽孢杆菌类疫病的动物，而且掩埋深浅问题容易造成土壤、地下水污染，掩埋基地处理程序繁杂。掩埋法是小型畜禽养殖场（户、小区）处理病死动物采用的办法。

（2）焚化处理法　是在焚烧容器内，使动物尸体及相关动物产品在富氧或无氧条件下进行氧化反应或热解反应的方法。对发生疫情的病死动物一般采用此方法。焚化法会产生浓烟、臭味，严重污染环境，同时收集运送又容易传染疾病，所需燃料费用成本高。

（3）化尸井处理法 是利用建立的化尸窖，将动物尸体投入化尸窖并消毒，发酵或分解动物尸体及相关动物产品的方法，但化尸井处理法会产生臭气、血水，容易造成地下水源污染及滋生病媒破坏土壤，处理所需时间长。

（4）化制法 是指在密闭的高压容器内，通过向容器夹层或容器通入高温饱和蒸汽，在干热、压力或高温、压力的作用下，处理动物尸体及相关动物产品的方法。此技术在应用过程中存在安全性问题。

（5）生物发酵法 将病死畜禽投进沼气池、化粪池，利用生物发酵的方法进行无害化处理。大中型规模养殖场一般采用此法。

（6）堆肥法 是将病死畜禽、垫草、秸秆和水按照一定比例在一定的条件下进行堆肥发酵处理。堆肥法具有以下优点：能够生产出颇有价值的产品——肥料，这种肥料是一种无臭的、有弹性的、类似于腐殖质的物质，可以用于土壤调节，作为园艺用土；可以消灭疫病，增加生物安全性；不产生臭气和污水，有利于保护环境；需要较少的劳动力。

参 考 文 献

刁有祥，张万福，2000. 禽病学 [M]. 北京：中国农业科技出版社.

郭玉璞，1994. 家禽传染病诊断与防治 [M]. 北京：中国农业大学出版社.

牛树田，胡莉萍，2003. 科学养鸡入门 [M]. 北京：中国农业大学出版社.

杨全明，刁有祥，2002. 简明肉鸡饲养手册 [M]. 北京：中国农业大学出版社.

张秀美，2002. 禽病诊治实用技术 [M]. 济南：山东科学技术出版社.

魏祥法，王月明，2012. 柴鸡安全生产技术指南 [M]. 北京：中国农业出版社.

王月明，魏祥法，2017. 畜禽养殖污染防治新技术 [M]. 北京：机械工业出版社.

图书在版编目（CIP）数据

肉鸡高效健康养殖137问 / 魏祥法，张燕主编. —
北京：中国农业出版社，2021.3
（养殖致富攻略·疑难问题精解）
ISBN 978 - 7 - 109 - 27708 - 3

Ⅰ.①肉… Ⅱ.①魏… ②张… Ⅲ.①肉鸡－饲养管
理－问题解答 Ⅳ.①S831.4 - 44

中国版本图书馆 CIP 数据核字（2021）第 001603 号

中国农业出版社出版
地址：北京市朝阳区麦子店街 18 号楼
邮编：100125
责任编辑：张艳晶
版式设计：王 晨 责任校对：吴丽婷
印刷：北京中兴印刷有限公司
版次：2021 年 3 月第 1 版
印次：2021 年 3 月北京第 1 次印刷
发行：新华书店北京发行所
开本：880mm×1230mm 1/32
印张：4.25
字数：120 千字
定价：28.00 元